技工院校公共基础课程教材

数学 下册

第8版

主　　编：刘飞兵

参　　编：肖能芳　汪志忠　丁彦娜　李慧清

　　　　　陈楚南　贺　燕　高永祥　郑少军

　　　　　刘志涛　张仕明

中国劳动社会保障出版社

图书在版编目（CIP）数据

数学. 下册/刘飞兵主编. -- 8 版. -- 北京：中国劳动社会保障出版社，2024. --（技工院校公共基础课程教材）. -- ISBN 978-7-5167-6710-8

Ⅰ.O1

中国国家版本馆 CIP 数据核字第 20242LG858 号

中国劳动社会保障出版社出版发行

（北京市惠新东街 1 号　邮政编码：100029）

*

保定市中画美凯印刷有限公司印刷装订　　新华书店经销

880 毫米×1230 毫米　16 开本　12 印张　218 千字
2024 年 12 月第 8 版　　2024 年 12 月第 1 次印刷

定价：**26.00 元**

营销中心电话：400-606-6496
出版社网址：https://www.class.com.cn
https://jg.class.com.cn

前　言

Foreword

本套教材以人力资源社会保障部办公厅印发的《技工院校数学课程标准》为依据，经充分调研和吸收一线教师的意见，在第 7 版教材的基础上编写而成．教材内容面向技能人才培养，反映职业教育特色，致力于为专业学习、岗位工作和职业发展打造良好的支撑平台．

一、划分专业类别，提供多样选择

为满足不同专业类别的需要，教材延续了"1＋3"的架构方式（见下图）：上册为所有专业提供共同的数学基础；三种下册分别对应机械建筑类专业、电工电子类专业和一般专业，定向地为专业学习和岗位工作服务．

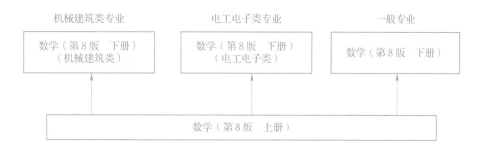

机械建筑类专业　　　　　　电工电子类专业　　　　　　一般专业

数学（第 8 版　下册）（机械建筑类）　　数学（第 8 版　下册）（电工电子类）　　数学（第 8 版　下册）

数学（第 8 版　上册）

教材内容选取体现因材施教、分层教学的思想：一是保证中级技能人才培养的基本需求，主体内容以数学基础知识和数学基本技能为重；二是设置拓展内容，为后期对数学要求较高的专业留下教学空间；三是增加部分难度稍大的习题（题前加＊号），供学有余力的学生进一步探索和提升能力使用．

二、传授思想方法，发展实践技能

思想方法是实践的基础．教材通过对实例、例题和习题的设计，为学生提供丰富的观察感知、空间想象、归纳类比、抽象概括、数据处理、运算求解、反思建构的机会，帮助学生建立数学思维，并逐步学会用之指导实践，为将来的学习和工作做好准备.

"做中学、学中做"是职业教育需秉持的理念. 教材通过设置实践活动栏目，促使学生综合运用数学知识技能处理专业和生活中的问题，提高判断和解决实际问题的本领. 此外，教材全面融入现代信息技术，引导学生在操作和探究中更直观、深入地理解数学知识，发展利用信息技术解决实际问题的技能.

三、遵循认知规律，传递科学精神

强调启发和互动是数学课需贯彻的教学思路. 教材通过实例考察、例题解析和实践等环节，引导学生经历由具体到抽象、由抽象到抽象、由抽象到具体的学习过程，帮助学生深入体会知识与技能的获得和内化，构建合理认知结构，掌握有效学习方法，同时体验探索真理的乐趣和解决问题的成就感，形成自主学习意识.

传播数学文化是数学课承担的重要任务. 教材通过探索中国栏目，介绍数学发展历程和数学家克服万难、追求真理的事迹，展现数学对推动我国科技和社会发展的作用，促使学生养成实事求是、积极进取的态度，在职业生涯中能够锲而不舍实现理想，勇于创新力攀高峰.

本套教材的编写工作得到了江苏、浙江、北京、天津、河北、山东、四川、广东、广西、海南等省、自治区、直辖市人力资源社会保障厅（局）和相关院校的支持与帮助，在此表示衷心的感谢.

目 录

Contents

第 1 章

数列

　　关于国际象棋，有这样一个传说，国王决定奖励发明国际象棋的智者．发明者提出请求：在棋盘的第 1 个方格内放 1 粒麦子，第 2 个方格内放 2 粒麦子，第 3 个方格内放 4 粒麦子，如此继续下去，直至第 64 个方格．国王慷慨地答应了他，然而等到麦子成熟时才发现，全国的麦子竟然连一半的格子都放不满．你能把棋盘上每一格麦子的数量依次列出来吗？放满棋盘需要多少粒麦子？

　　人们很早就认识并使用数字，特别是按一定顺序出现的数字，人们通过观察这些数字的变化规则来研究并掌握一些自然规律，我们把这些按照确定的顺序排列的一列数称为数列．本章我们将学习数列的概念和表示方法，并研究两类特殊的数列——等差数列和等比数列．

学习目标

　　1. 能通过生活实例, 理解数列的含义, 理解数列的项、通项公式、前 n 项和的概念.

　　2. 能通过日常生活中的实例, 掌握等差数列的概念, 并会运用等差数列的通项公式和前 n 项和公式.

　　3. 能通过日常生活中的实例, 掌握等比数列的概念, 并会运用等比数列的通项公式和前 n 项和公式.

　　4. 能在具体问题的情境中发现数列的等差或等比关系, 并能用有关知识解决相应的问题.

知识回顾

　　观察下列数的变化规律, 用适当的数填空.

　　(1) 2, 5, 8, 11, (　　　), 17, 20, 23.

　　(2) 9, 16, 25, 36, 49, (　　　), 81.

　　(3) 2, 4, 8, 16, 32, (　　　), 128, 256.

　　(4) -1, 8, -27, 64, (　　　), 216, -343, ….

　　解　(1) 从第二项起每个数都比前面的数多 3, 因此填 14.

　　(2) 数字是从 3 开始连续自然数的平方, 因此填 $8^2 = 64$.

　　(3) $2 = 2^1$, $4 = 2^2$, $8 = 2^3$, $16 = 2^4$, $32 = 2^5$, …, 因此填 $2^6 = 64$. 或者这样思考: 从第二项开始, 每个数都是前面的 2 倍, 因此填 64.

　　(4) 观察发现这列数的符号是负、正交替变化, 去掉符号后正好都是正整数的立方, 因此填 -125.

　　观察并发现数的变化规律是一项重要数学技能, 本章会在这项能力的基础上研究数列.

1.1　数列的基本知识

在现实生活中，我们经常遇到按照一定的顺序排列而得到的一列数.

成绩　某学期共进行了 5 次数学阶段测验，某位同学的测验成绩（单位：分）依次为

$$85, 92, 78, 98, 90. \qquad ①$$

营业额　某商店一周每天的营业额（单位：元）依次为

$$3\,221, 2\,300, 1\,500, 1\,985, 2\,560, 2\,850, 2\,900. \qquad ②$$

体温　某人住院期间每天都要测量一次体温，以观察病情变化，每天的体温（单位：℃）依次为

$$39.5, 38.8, 38.3, 39.0, 37.3, 37.0. \qquad ③$$

年份　人们在 1740 年发现了一颗彗星，并根据天文学知识推算出这颗彗星每隔 83 年出现一次，那么从发现当年算起到现在，这颗彗星出现的年份依次为

$$1740, 1823, 1906, 1989. \qquad ④$$

1.1.1　数列的定义

在数学里，有些数可以按一定顺序排成一列，例如：

大于 2 且小于 10 的自然数从小到大排成一列数

$$3, 4, 5, 6, 7, 8, 9. \qquad ⑤$$

1，2，3，4，5，6，7 的倒数排成一列数

$$1, \frac{1}{2}, \frac{1}{3}, \frac{1}{4}, \frac{1}{5}, \frac{1}{6}, \frac{1}{7}. \qquad ⑥$$

－1 的 1 次幂，2 次幂，3 次幂，4 次幂……排成一列数

$$-1,\ 1,\ -1,\ 1,\ \cdots. \qquad\qquad ⑦$$

无穷多个 2 排成一列数

$$2,\ 2,\ 2,\ 2,\ \cdots. \qquad\qquad ⑧$$

像这样，按照一定次序排成的一列数称为**数列**. 数列中的每一个数都称为这个数列的**项**. 数列中的每一项都和它的序号有关，排在第一位的数称为这个数列的第一项，又称为**首项**，排在第二位的数称为这个数列的第二项……排在第 n 位的数称为这个数列的第 n 项，……

提示 数列中的"项"与这一项的"序号"（也称项数）是不同的概念. 例如数列⑤中，第 4 项是 6，这一项的序号是 4.

数列的一般形式可以写成

$$a_1,\ a_2,\ a_3,\ \cdots,\ a_n,\ \cdots.$$

其中，a_n 是上述数列的第 n 项，n 就是 a_n 的序号. 上述数列可以简记为 $\{a_n\}$.

例如，在数列①中，$a_1=85$，$a_2=92$，$a_3=78$，$a_4=98$，$a_5=90$.

例题解析

例 写出下列数列的首项和第 5 项：

(1) $-4,\ -2,\ 0,\ 2,\ 4,\ 6$；

(2) $1,\ 4,\ 9,\ 16,\ 25,\ 36,\ 49,\ \cdots$；

(3) $\dfrac{1}{3},\ \dfrac{1}{5},\ \dfrac{1}{7},\ \dfrac{1}{9},\ \dfrac{1}{11},\ \dfrac{1}{13},\ \cdots.$

解 (1) 这个数列的首项是 -4，第 5 项是 4；

(2) 这个数列的首项是 1，第 5 项是 25；

(3) 这个数列的首项是 $\dfrac{1}{3}$，第 5 项是 $\dfrac{1}{11}$.

项数有限的数列称为**有穷数列**，项数无限的数列称为**无穷数列**. 上述的例子中，数列①②③④⑤⑥是有穷数列，数列⑦⑧是无穷数列.

> **知识巩固 1**

1. 分别写出以下数列的首项与第 4 项：

(1) 1，-3，5，-7，…；

(2) 2，0，2，0，….

2. 请举出两个实际生活中数列的例子.

3. 有以下三个数列，它们是同一数列吗？为什么？

(1) 1，2，3，4，5；

(2) 1，2，3，4，5，…；

(3) 5，4，3，2，1.

1.1.2　数列的通项公式

如果数列 $\{a_n\}$ 的第 n 项 a_n 与序号 n 之间的关系可以用一个公式来表示，这个公式就称为这个数列的**通项公式**.

例如，数列⑥

$$1，\frac{1}{2}，\frac{1}{3}，\frac{1}{4}，\frac{1}{5}，\frac{1}{6}，\frac{1}{7}$$

的通项公式是

$$a_n=\frac{1}{n}，n\in\{1，2，3，4，5，6，7\}.$$

数列⑦

$$-1，1，-1，1，\cdots$$

的通项公式是

$$a_n=(-1)^n，n\in\mathbf{N}^*.$$

数列⑧

$$2，2，2，2，\cdots$$

的通项公式是

$$a_n=2，n\in\mathbf{N}^*.$$

像数列⑧这样各项都相等的数列通常称为**常数列**.

如果知道了数列的一个通项公式，那么只要依次用 1，2，

3，… 代替公式中的 n，就可以求出这个数列的每一项.

从函数的观点看，数列的通项公式就是定义在 $\mathbf{N}^*$（或它的子集 $\{1,2,\cdots,n\}$）上的函数的表达式.

提示 当一个数列的通项公式的定义域是 $\mathbf{N}^*$ 时，在本章中，$n\in\mathbf{N}^*$ 可以略去不写. 但并不是每个数列都有通项公式.

例题解析

例1 已知数列的通项公式 $a_n=\dfrac{(-1)^n}{2n+1}$，求：

（1）数列的前 3 项；

（2）数列的第 18 项；

（3）$\dfrac{1}{21}$ 是否为这个数列的一项？如果是其中一项，是第几项？

解 （1）因为

$$a_1=\frac{(-1)^1}{2\times1+1}=-\frac{1}{3},$$

$$a_2=\frac{(-1)^2}{2\times2+1}=\frac{1}{5},$$

$$a_3=\frac{(-1)^3}{2\times3+1}=-\frac{1}{7}.$$

所以，此数列的前 3 项是 $-\dfrac{1}{3}$，$\dfrac{1}{5}$，$-\dfrac{1}{7}$.

（2）数列的第 18 项是 $a_{18}=\dfrac{(-1)^{18}}{2\times18+1}=\dfrac{1}{37}$.

（3）设 $a_n=\dfrac{1}{21}$，则

$$\frac{(-1)^n}{2n+1}=\frac{1}{21}.$$

当 n 为正奇数时，方程可化为 $\dfrac{-1}{2n+1}=\dfrac{1}{21}$，方程无解.

当 n 为正偶数时，方程可化为 $\dfrac{1}{2n+1}=\dfrac{1}{21}$，从而得到

$$2n+1=21,$$

解得

$$n = 10.$$

所以，$\dfrac{1}{21}$是数列的第 10 项.

提示 已知数列的通项公式，可以求出这个数列中的任意一项（第 1 题、第 2 题）；也可以求出已知项的序号（第 3 题）.

例 2 求下列数列的一个通项公式：

(1) 3，6，9，12，…；

(2) $-\dfrac{1}{1 \times 2}$，$\dfrac{1}{2 \times 3}$，$-\dfrac{1}{3 \times 4}$，$\dfrac{1}{4 \times 5}$，…；

(3) 1，3，9，27，….

解 (1) 观察数列的规律

$$a_1 = 3 \times 1,$$
$$a_2 = 3 \times 2,$$
$$a_3 = 3 \times 3,$$
$$a_4 = 3 \times 4.$$

由此可知数列的通项公式为

$$a_n = 3n.$$

(2) 观察数列的规律

$$a_1 = -\dfrac{1}{1 \times 2} = (-1)^1 \times \dfrac{1}{1 \times (1+1)},$$
$$a_2 = \dfrac{1}{2 \times 3} = (-1)^2 \times \dfrac{1}{2 \times (2+1)},$$
$$a_3 = -\dfrac{1}{3 \times 4} = (-1)^3 \times \dfrac{1}{3 \times (3+1)},$$
$$a_4 = \dfrac{1}{4 \times 5} = (-1)^4 \times \dfrac{1}{4 \times (4+1)}.$$

由此可知其通项公式为

$$a_n = (-1)^n \cdot \dfrac{1}{n(n+1)}.$$

(3) 观察数列的规律

$$a_1 = 1 = 3^0,$$

想一想

如果给出一个数列（存在通项公式）的前若干项，这个数列的通项公式是唯一的吗？

$$a_2 = 3 = 3^1,$$

$$a_3 = 9 = 3^2,$$

$$a_4 = 27 = 3^3.$$

由此可知其通项公式为

$$a_n = 3^{n-1}.$$

例3　小王今年的年薪是 10 万元，若每年增长 10%，请写出从今年开始，5 年内每年的年薪排成的数列，并写出它的通项公式.

解　　　$a_1 = 10,$

$$a_2 = 10 \times (1 + 10\%) = 10 \times 1.1,$$

$$a_3 = 10 \times (1 + 10\%)^2 = 10 \times 1.1^2,$$

$$a_4 = 10 \times (1 + 10\%)^3 = 10 \times 1.1^3,$$

$$a_5 = 10 \times (1 + 10\%)^4 = 10 \times 1.1^4.$$

所以，所求数列为

$$10,\ 10 \times 1.1,\ 10 \times 1.1^2,\ 10 \times 1.1^3,\ 10 \times 1.1^4.$$

数列的通项公式为

$$a_n = 10 \times 1.1^{n-1}\ (n \in \mathbf{N}^*,\ n \leqslant 5).$$

知识巩固 2

1. 根据下列数列 $\{a_n\}$ 的通项公式，写出它的前 5 项，并写出各数列的第 10 项：

(1) $a_n = (-1)^n \cdot \dfrac{1}{2n}$；　　　(2) $a_n = n^2$；

(3) $a_n = -2^n + 3$；　　　(4) $a_n = 6.$

2. 观察下面数列的特点，用适当的数填空，并写出每个数列的一个通项公式：

(1) 1, (　　), 9, 16, (　　), 36, (　　)；

(2) (　　), $\sqrt{2}$, $\sqrt{3}$, 2, (　　), $\sqrt{6}$, (　　).

3. 写出下面数列的一个通项公式：

(1) 1, 3, 5, 7, …；

(2) 1，$-\dfrac{1}{2}$，$\dfrac{1}{3}$，$-\dfrac{1}{4}$，$\cdots$；

(3) 4，8，12，16，$\cdots$.

探究

　　如果一个数列从某一项起，它的任何一项都可以用它前面的若干项来确定，那么这个数列就称为**递推数列**. 用来确定后项与前若干项关系的公式称为**递推公式**.

　　例如，已知数列 $\{a_n\}$ 的第 1 项是 1，以后各项都由公式 $a_n=1+\dfrac{1}{a_{n-1}}$ 给出，那么这个数列的前 5 项分别为

$$a_1=1,$$

$$a_2=1+\dfrac{1}{a_1}=1+\dfrac{1}{1}=2,$$

$$a_3=1+\dfrac{1}{a_2}=1+\dfrac{1}{2}=\dfrac{3}{2},$$

$$a_4=1+\dfrac{1}{a_3}=1+\dfrac{2}{3}=\dfrac{5}{3},$$

$$a_5=1+\dfrac{1}{a_4}=1+\dfrac{3}{5}=\dfrac{8}{5}.$$

　　上例表明由数列的第 1 项及 a_n 与 a_{n-1} 的关系式，可以写出这个数列的各项，$a_n=1+\dfrac{1}{a_{n-1}}$ 为递推公式.

1.1.3　数列的前 n 项和

　　数列 a_1，a_2，a_3，$\cdots$，a_n，$\cdots$ 前 n 项相加的和，称为**数列的前 n 项和**，记作 S_n. 即

$$S_n=a_1+a_2+\cdots+a_n.$$

　　有时为了书写简便，把数列 $\{a_n\}$ 前 n 项的和记为 $\displaystyle\sum_{i=1}^{n}a_i$，即 $S_n=\displaystyle\sum_{i=1}^{n}a_i$，其中符号"$\displaystyle\sum$"称为连加号，$a_i$ 表示加数的一般

项. 如果数列有通项公式，一般项 a_i 可以写成通项公式的形式. i 称为求和指标，连加号的上下标表示求和指标 i 的取值依非零自然数的顺序由 1 取到 n.

例题解析

例 设数列 $\{a_n\}$ 的通项公式是 $a_n=2n^2+1$，求数列 $\{a_n\}$ 的前 4 项和 S_4.

解 在数列 $\{a_n\}$ 中，因为 $a_n=2n^2+1$，所以

$$S_4=a_1+a_2+a_3+a_4$$
$$=(2\times1^2+1)+(2\times2^2+1)+(2\times3^2+1)+(2\times4^2+1)$$
$$=64.$$

知识巩固 3

设数列 $\{a_n\}$ 的通项公式为 $a_n=(-1)^n(3n-1)$，求数列 $\{a_n\}$ 的前 3 项和 S_3.

数学与生活

斐波那契数列及相关问题

一、斐波那契数列

斐波那契

　　斐波那契（Leonardo Fibonacci，约 1175—约 1250），意大利数学家，他在著作《算盘书》中，首先引入了阿拉伯数字，将"十进制值计数法"介绍给了欧洲人，对欧洲的数学发展有深远的影响. 在这本著作中，他还提出了著名的"兔子繁殖问题".

　　假设一对初生兔子要一个月才能到成熟期，而一对成熟兔子每月会生一对兔子，那么，由一对初生兔子开始，12 个月后会有多少对兔子呢？

　　通过下面这个表格，我们可以发现一些规律：

月数	兔子繁殖情况	兔子对数	月数	兔子繁殖情况	兔子对数
1		1	7	×8，×5	13
2		1	8	×13，×8	21
3		2	9	×21，×13	34
4		3	10	×34，×21	55
5		5	11	×55，×34	89
6	×5，×3	8	12	×89，×55	144

　　从表中可以看出，前一个月所有兔子的总对数即是这个月成熟兔子的对数，而前一个月成熟兔子的总对数即是这个月初生兔子的对数. 以 a_n 表示第 n 个月兔子对数，则不难得到一个递推公式

$$a_1 = 1,\ a_2 = 1,\ \cdots,\ a_n = a_{n-1} + a_{n-2}\ (n = 3,\ 4,\ 5,\ \cdots).$$

应用递推式逐项计算，可以得到一个数列，这个数列就是著名的斐波那契数列.

二、与斐波那契数列相关的问题

斐波那契数列与现实世界的联系十分广泛. 这里仅举两个例子.

1. 树木生长

在树木的生长过程中，因为新生的枝条往往需要一段"休息"时间，供自身生长，而后才能萌发新枝，所以，一株树苗枝条的发育往往有以下规律：第一年长出一条新枝；第二年新枝"休息"，老枝依旧萌发；此后，老枝与"休息"过一年的枝条同时萌发，当年生的新枝则次年"休息". 这样，一株树木各个年份的枝条数，便构成斐波那契数列. 这个规律，就是生物学上著名的"鲁德维格定律".

2. 攀登楼梯

一段楼梯有 10 级台阶，规定每一步只能跨一级或两级，要登上第 10 级台阶有几种不同的走法？这就是一个斐波那契数列：登上第 1 级台阶有 1 种登法，登上第 2 级台阶有 2 种登法，登上第 3 级台阶有 3 种登法，登上第 4 级台阶有 5 种登法……攀登楼梯的方法组成的数列是 1，2，3，5，…所以，登上第 10 级台阶，有 89 种登法.

1.2 等差数列

在现实生活中，我们有时会碰到一些特殊数列. 你能发现它们有什么共同特点吗？

梯子 如图1-1所示，梯子自上而下各级宽度（单位：cm）排成数列

$$25，28，31，34，37，40，43，46. \qquad ①$$

图1-1

女子举重级别 奥运会女子举重共设七个级别，其中较轻的四个级别体重（单位：kg）组成数列

$$48，53，58，63. \qquad ②$$

偶数 比5小的偶数从大到小排成数列

$$4，2，0，-2，-4，\cdots. \qquad ③$$

常数 由无穷多个常数 a 组成常数列

$$a，a，a，a，a，\cdots. \qquad ④$$

1.2.1　等差数列基本知识

对于上面的数列，我们可以发现：

数列①，从第 2 项起，每一项与它的前一项的差都等于 3.
数列②，从第 2 项起，每一项与它的前一项的差都等于 5.
数列③，从第 2 项起，每一项与它的前一项的差都等于 −2.
数列④，从第 2 项起，每一项与它的前一项的差都等于 0.

这些数列有一个共同特点：从第 2 项起，每一项与它的前一项的差都等于同一个常数.

　　一般地，如果一个数列从第 2 项起，每一项与它的前一项的差都等于同一个常数，这样的数列就称为**等差数列**，这个常数称为等差数列的**公差**，公差通常用字母 d 表示.

上面的四个数列都是等差数列，它们的公差依次是＿＿＿＿，＿＿＿＿，＿＿＿＿，＿＿＿＿.

提示　"$\{a_n\}$ 是等差数列"的另一种表述为：数列 $\{a_n\}$ 满足 $a_{n+1}-a_n=d$（d 是常数）.

　　一般地，如果 a，A，b 成等差数列，则
$$A-a=b-A,$$
即
$$A=\frac{a+b}{2}.$$
这时，A 就称为 a 与 b 的**等差中项**.

想一想

两个数能组成等差数列吗?

容易看出，在一个等差数列中，从第 2 项起，每一项（有穷数列的末项除外）都是它的前一项与后一项的等差中项.

下面我们来讨论等差数列的通项公式.

在等差数列 $\{a_n\}$ 中，首项是 a_1，公差是 d. 根据等差数列的定义，可以得到

$$a_2 - a_1 = d,$$

$$a_3 - a_2 = d,$$

$$a_4 - a_3 = d,$$

$$\cdots\cdots$$

$$a_n - a_{n-1} = d.$$

把上述 $n-1$ 个式子的两边分别相加，就能得到

$$a_n - a_1 = (n-1)d,$$

即

$$a_n = a_1 + (n-1)d.$$

当 $n=1$ 时，上面的等式也成立．由此得到等差数列 $\{a_n\}$ 的通项公式

$$a_n = a_1 + (n-1)d.$$

例题解析

例 1　判断下列数列是否为等差数列．若是，写出其首项及公差．

(1) 2，5，8，11，14；

(2) 1，0，-1，0，1，0，-1，0，$\cdots$．

解　(1) 该数列是等差数列，$a_1 = 2$，$d = 3$．

(2) 因为 $-1-0 \neq 0-(-1)$，所以该数列不是等差数列．

例 2　判断下列数列是否为等差数列，并说明理由．

(1) $a_n = 3n + 2$；

(2) $b_n = \dfrac{1}{2n}$．

解　(1) 由数列的通项公式 $a_n = 3n + 2$ 可知

$$a_{n+1} - a_n = 3(n+1) + 2 - (3n+2) = 3.$$

所以，$\{a_n\}$ 是等差数列．

(2) 由题意可知，$b_1 = \dfrac{1}{2}$，$b_2 = \dfrac{1}{4}$，$b_3 = \dfrac{1}{6}$，$b_4 = \dfrac{1}{8}$，即数列为

$$\dfrac{1}{2}，\dfrac{1}{4}，\dfrac{1}{6}，\dfrac{1}{8}，\cdots．$$

因为 $\dfrac{1}{4} - \dfrac{1}{2} \neq \dfrac{1}{8} - \dfrac{1}{6}$，所以此数列不是等差数列．

例 3　求等差数列 2，5，8，…的通项公式和第 30 项.

解　因为首项 $a_1=2$，公差 $d=5-2=3$，所以

$$a_n=a_1+(n-1)d=2+(n-1)\times3=3n-1,$$

即该数列的通项公式为

$$a_n=3n-1.$$

第 30 项为

$$a_{30}=3\times30-1=89.$$

提示　一般地，对于通项公式 $a_n=a_1+(n-1)d$，若已知 a_1，d，n，a_n 这 4 个量中的 3 个，总能求出第 4 个量.

例 4　399 是等差数列 3，7，11，…的第几项？

解　因为首项 $a_1=3$，公差 $d=7-3=4$，所以该数列的通项公式为

$$a_n=a_1+(n-1)d=3+(n-1)\times4=4n-1.$$

设 399 是这个数列的第 n 项，即 $a_n=399$，由通项公式得

$$4n-1=399,$$

解得

$$n=100.$$

所以，399 是这个数列的第 100 项.

例 5　通常情况下，从海平面到 10 km 的高空，高度每增加 1 km，气温就下降某一固定数值. 如果某地海拔 1 km 处的气温是 8.5 ℃，海拔 5 km 处的气温是 -17.5 ℃，求该地海拔 2 km，4 km，8 km 处的气温.

解　设该地海拔 1 km，2 km，3 km，…，8 km 处的气温数值组成的数列为 $\{a_n\}$. 由题意可知，数列 $\{a_n\}$ 是等差数列，并且 $a_1=8.5$，$a_5=-17.5$.

由 $a_5=a_1+4d$，得

$$d=\frac{-17.5-8.5}{4}=-6.5.$$

所以

$$a_2 = 8.5 + (-6.5) = 2,$$

$$a_4 = 8.5 + 3 \times (-6.5) = -11,$$

$$a_8 = 8.5 + 7 \times (-6.5) = -37.$$

因此，该地海拔 2 km，4 km，8 km 处的气温分别是 2 ℃，−11 ℃，−37 ℃．

知识巩固 1

1. 下列数列是等差数列吗？如果是，求出数列的公差；如果不是，说明理由．

(1) 5，5，5，5，5；

(2) $\dfrac{1}{7}$，$\dfrac{3}{7}$，$\dfrac{5}{7}$，1，$\dfrac{9}{7}$；

(3) 6，4，2，0，−2，−4，…；

(4) −1，0，−1，0，−1．

2. 求等差数列 15，11，7，3，…的通项公式和第 21 项．

3. 100 是不是等差数列 2，9，16，…中的某一项？如果是，应为第几项？如果不是，说明理由．

4. 已知等差数列 $\{a_n\}$ 的通项公式是 $a_n = -2n + 5$，求它的首项和公差．

5. 求下列各题中两个数的等差中项：

(1) 10 与 16；

(2) −3 与 7．

6. 已知等差数列 $\{a_n\}$ 中，$a_3 = 16$，$a_7 = 8$，求此数列的通项公式．

探究

在等差数列 $\{a_n\}$ 中，根据等差中项的定义可知 $2a_2 = a_1 + a_3$，即

$$a_2 + a_2 = a_1 + a_3.$$

类似地，有

$$a_2+a_4=a_1+a_5,$$

$$a_3+a_7=a_4+a_6.$$

······

由此启发我们想到：

若 $m+n=p+q$（m，n，p，$q\in \mathbf{N}^*$），则应有

$$a_m+a_n=a_p+a_q.$$

你能证明这个结论吗？

1.2.2 等差数列的前 n 项和

我们来看下面的问题：

$$1+2+3+\cdots+100=?$$

德国著名数学家高斯少年时曾很快得出它的结果. 你知道应该如何计算吗？

高斯的算法是：

$1+100=101$（首项与末项的和），

$2+99=101$（第 2 项与倒数第 2 项的和），

$3+98=101$（第 3 项与倒数第 3 项的和），

······

$50+51=101$（第 50 项与倒数第 50 项的和）.

于是所求的和是

$$101\times\frac{100}{2}=5\ 050.$$

1，2，3，$\cdots$，100 是一个首项为 1、公差为 1 的等差数列，它的前 100 项和表示为

$$S_{100}=1+2+3+\cdots+98+99+100. \qquad ①$$

①式又可表示为

$$S_{100}=100+99+98+\cdots+3+2+1. \qquad ②$$

将①②两式的两边分别相加，得

$$2S_{100}=(1+100)+(2+99)+(3+98)+\cdots+(99+2)+(100+1),$$

即

$$S_{100}=\frac{100\times(1+100)}{2}=5\ 050.$$

下面，我们将这种方法推广到求一般等差数列的前 n 项和.

对于首项为 a_1、公差为 d 的等差数列 $\{a_n\}$，有

$$S_n=a_1+a_2+a_3+\cdots+a_{n-2}+a_{n-1}+a_n.$$

根据等差数列的通项公式，上式可以写成

$$S_n=a_1+(a_1+d)+(a_1+2d)+\cdots+[a_1+(n-1)d].\quad ③$$

③式又可表示为

$$S_n=a_n+(a_n-d)+(a_n-2d)+\cdots+[a_n-(n-1)d].\quad ④$$

将③④两式的两边分别相加，得

$$2S_n=\overbrace{(a_1+a_n)+(a_1+a_n)+\cdots+(a_1+a_n)}^{n个(a_1+a_n)}$$
$$=n(a_1+a_n).$$

由此得到，等差数列 $\{a_n\}$ 的前 n 项和的公式

$$S_n=\frac{n(a_1+a_n)}{2}.$$

因为 $a_n=a_1+(n-1)d$，所以上面的公式又可以写成

$$S_n=na_1+\frac{n(n-1)}{2}d.$$

▶ **例题解析**

例1 在等差数列 $\{a_n\}$ 中：

(1) 若 $a_1=-3$，$a_{20}=63$，求 S_{20}；

(2) 若 $a_1=4$，$d=3$，求 S_{10}.

解 (1) 由 $S_n=\frac{n(a_1+a_n)}{2}$，得

$$S_{20}=\frac{20(a_1+a_{20})}{2}=10(a_1+a_{20})=10\times(-3+63)=600.$$

(2) 由 $S_n = na_1 + \dfrac{n(n-1)}{2}d$，得

$$S_{10} = 10a_1 + \dfrac{10 \times 9}{2}d = 10a_1 + 45d = 10 \times 4 + 45 \times 3 = 175.$$

提示   一般地，在等差数列 $\{a_n\}$ 的通项公式和前 n 项和公式中，若已知 n，a_n，a_1，d，S_n 这 5 个量中的 3 个，总能求出另外两个量.

例2   求和：$1 + 4 + 7 + 10 + 13 + 16 + \cdots + 298$.

解   算式中 1，4，7，$\cdots$，298 成等差数列，首项 $a_1 = 1$，公差 $d = 4 - 1 = 3$.

设 298 是数列的第 n 项，即 $a_n = 298$，则

$$a_1 + (n-1)d = 298,$$

即

$$1 + (n-1) \times 3 = 298,$$

解得

$$n = 100.$$

由 $S_n = \dfrac{n(a_1 + a_n)}{2}$，得

$$S_{100} = \dfrac{100(a_1 + a_{100})}{2} = \dfrac{100 \times (1 + 298)}{2} = 14\ 950.$$

因此，$1 + 4 + 7 + 10 + 13 + 16 + \cdots + 298 = 14\ 950$.

例3   在等差数列 $\{a_n\}$ 中，$d = \dfrac{1}{2}$，$a_n = \dfrac{3}{2}$，$S_n = -\dfrac{15}{2}$. 求 a_1 及 n.

解   因为

$$\begin{cases} a_n = a_1 + (n-1)d, \\ S_n = \dfrac{n(a_1 + a_n)}{2}, \end{cases}$$

所以

$$\begin{cases} a_1 + \dfrac{1}{2}(n-1) = \dfrac{3}{2}, & \text{⑤} \\ \dfrac{n\left(a_1 + \dfrac{3}{2}\right)}{2} = -\dfrac{15}{2}. & \text{⑥} \end{cases}$$

由⑤式化简得 $a_1 = -\dfrac{1}{2}n+2$，代入⑥式，整理得

$$n^2 - 7n - 30 = 0,$$

解得 $n=10$ 或 $n=-3$（舍去），所以

$$a_1 = -\dfrac{1}{2} \times 10 + 2 = -3.$$

例 4　某人购买一辆 20 万元的汽车，首付 8 万元，其余车款按等额本金还款法分期付款，5 年付清．如果贷款按月利率为 0.5% 计算，那么此人共应付多少利息？

提示　等额本金还款法是指在贷款期间每月等额归还本金，每月利息按照剩余本金乘以月利率计算．

解　汽车总价为 20 万元，首付 8 万元，因此贷款 12 万元．
5 年内每月应还贷款本金

$$\dfrac{120\ 000}{5 \times 12} = 2\ 000(元).$$

第一个月利息为

$$120\ 000 \times 0.5\% = 600(元).$$

第二个月利息为

$$(120\ 000 - 2\ 000) \times 0.5\% = 120\ 000 \times 0.5\% - 2\ 000 \times 0.5\%$$
$$= 590(元).$$

第三个月利息为

$$(120\ 000 - 2 \times 2\ 000) \times 0.5\% = 120\ 000 \times 0.5\% - 2 \times 2\ 000 \times 0.5\%$$
$$= 580(元).$$

……

由此可见，5 年中每月所付利息是以 600 为首项，-10 为公差的等差数列 $\{a_n\}$．因为贷款 5 年付清，所以

$$n = 5 \times 12 = 60.$$

利息总和

$$S_{60} = 60 \times 600 + \dfrac{60 \times (60-1)}{2} \times (-10) = 18\ 300(元).$$

知识巩固 2

1. 在等差数列 $\{a_n\}$ 中：

(1) $a_1=2$，$a_{10}=38$，求 S_{10}；

(2) $a_1=5$，$d=-2$，求 S_{30}；

(3) $a_1=4$，$d=-3$，$a_n=-53$，求 S_n.

2. 求和：$2+4+6+8+10+12+\cdots+100$.

3. 某电影院共有 23 排座位，后一排总是比前一排多 2 个座位，已知最后一排有 70 个座位，这间电影院共有多少个座位？

4. 已知等差数列 $\{a_n\}$ 中，$a_4=6$，$a_6=10$，求：

(1) 数列的通项公式；

(2) S_{20}.

1.3 等比数列

在现实生活中，我们还会碰到一些特殊的数列，它们的项的变化也是有规律的，但不是等差数列.

汽车折旧 一辆汽车（图 1-2）购买时价值是 20 万元，每年的折旧率是 10%（就是说这辆汽车每年减少它上一年价值的 10%）. 那么这辆汽车从购买当年算起，8 年之内，每年的价值（单位：万元）组成数列

$$20，20\times0.9，20\times0.9^2，\cdots，20\times0.9^7. \qquad ①$$

图 1-2

发送短信 某人用 3 min 将一条短信发给 3 个人，这 3 个人又用 3 min 各自将这条短信发给未收到的 3 个人. 如此继续下去，1 h 内收到此短信的人数，按收到短信的次序排成数列

$$1，3，3^2，3^3，\cdots，3^{20}. \qquad ②$$

提示 由于算上了这 1 h 开始的时候第一个收到短信的人，所以这个数列共有 21 项.

倍数问题 从 5 开始，每次乘以 5，可以得到数列

$$5，5^2，5^3，5^4，5^5，\cdots. \qquad ③$$

常数问题 由无穷多个常数 a（$a\neq0$）组成的常数列

$$a，a，a，a，a，\cdots. \qquad ④$$

1.3.1 等比数列基本知识

对于上面的数列，我们可以发现：

数列①，从第 2 项起，每一项与它的前一项的比都等于 0.9.

数列②，从第 2 项起，每一项与它的前一项的比都等于 3.

数列③，从第 2 项起，每一项与它的前一项的比都等于 5.

数列④，从第 2 项起，每一项与它的前一项的比都等于 1.

这些数列有一个共同特点：从第 2 项起，每一项与它的前一项的比都等于同一个常数.

> 一般地，如果一个数列从第 2 项起，每一项与它的前一项的比都等于同一个非零常数，这样的数列就称为**等比数列**，这个常数称为等比数列的**公比**，公比通常用小写英文字母 q 表示（$q \neq 0$）.

提示 $\{a_n\}$ 是等比数列，也可表述为：数列 $\{a_n\}$ 满足 $\dfrac{a_{n+1}}{a_n} = q$（$q \neq 0$，q 是常数）.

上面的四个数列都是等比数列，它们的公比依次是_____，_____，_____，_____.

> 一般地，如果 a，G，b 成等比数列，则
>
> $$\frac{G}{a} = \frac{b}{G},$$
>
> 即
>
> $$G^2 = ab.$$
>
> 这时，G 称为 a 与 b 的**等比中项**.

提示 对于任意两个非零实数 a 和 b，只有当 a 和 b 同号时，它们之间才存在等比中项 G，且 $G = \pm\sqrt{ab}$.

容易看出，在一个等比数列中，从第 2 项起，每一项（有穷数

列的末项除外）都是它的前一项与后一项的等比中项.

下面我们讨论等比数列的通项公式.

在等比数列 $\{a_n\}$ 中，首项是 a_1，公比是 q. 根据等比数列的定义，可以得到

$$\frac{a_2}{a_1}=q,$$

$$\frac{a_3}{a_2}=q,$$

$$\frac{a_4}{a_3}=q,$$

$$\cdots\cdots$$

$$\frac{a_n}{a_{n-1}}=q.$$

把上述 $n-1$ 个式子的两边分别相乘，就能得到

$$\frac{a_n}{a_1}=q^{n-1},$$

即

$$a_n=a_1q^{n-1}.$$

当 $n=1$ 时，上面的等式也成立. 由此得到，等比数列 $\{a_n\}$ 的通项公式

$$a_n=a_1q^{n-1}.$$

▶ 例题解析

例1 下列数列是否为等比数列？若是，写出首项和公比.

(1) 1，-3，9，-27，81，-243；

(2) 2，4，8，10.

解 (1) 该数列是等比数列，首项 $a_1=1$，公比 $q=-3$.

(2) 因为 $\frac{10}{8}\neq\frac{8}{4}$，所以该数列不是等比数列.

例2 求出下列等比数列中的未知项.

(1) 2，a，8；

(2) 4, b, c, $\dfrac{1}{2}$.

解 (1) 由题意得

$$a^2 = 16,$$

解得

$$a = 4 \text{ 或 } a = -4.$$

(2) 解法一: 由题意得

$$\begin{cases} \dfrac{b}{4} = \dfrac{c}{b}, \\[2mm] \dfrac{c}{b} = \dfrac{\frac{1}{2}}{c}, \end{cases}$$

解方程组, 得

$$b = 2, \quad c = 1.$$

解法二: 由题意得

$$\frac{1}{2} = 4q^3,$$

解得

$$q = \frac{1}{2},$$

所以

$$b = 4 \times \frac{1}{2} = 2, \quad c = 2 \times \frac{1}{2} = 1.$$

例3 求等比数列 2, -6, 18, $\cdots$ 的通项公式和第 6 项.

解 因为 $a_1 = 2$, $q = \dfrac{-6}{2} = -3$, 所以通项公式为

$$a_n = 2 \times (-3)^{n-1},$$

因此

$$a_6 = 2 \times (-3)^{6-1} = -486.$$

提示 一般地, 在通项公式 $a_n = a_1 q^{n-1}$ 中, 若已知 a_1, q, n, a_n 这 4 个量中的 3 个, 总能求出第 4 个量.

例 4 在等比数列 $\{a_n\}$ 中：

(1) $a_1=4$，$q=3$，$a_n=324$，求项数 n；

(2) $q=2$，$a_5=48$，求 a_1 和通项公式.

解 (1) 因为 $a_1=4$，$q=3$，$a_n=324$，所以

$$a_n=4\times 3^{n-1}=324,$$

即

$$3^{n-1}=3^4,$$
$$n-1=4,$$

解得

$$n=5.$$

(2) 因为 $q=2$，$a_5=48$，$n=5$，所以

$$a_1\cdot 2^{5-1}=48,$$

解得

$$a_1=3.$$

因此，这个数列的通项公式是

$$a_n=3\times 2^{n-1}.$$

例 5 培育一种稻谷新品种，第 1 代得种子 100 粒，如果以后由每粒新种又可得 100 粒下一代种子，到第 5 代可以得到新品种的种子多少粒？

解 依题意，逐代的种子数是一个等比数列，且 $a_1=100$，$q=100$，由此可得

$$a_5=100\times 100^{5-1}=100^5=10^{10}\text{（粒）}.$$

例 6 某公司正在拓展业务，营业额不断增加，若公司的营业额从第一年开始成等比数列增长，第一年的营业额为 100 万元，第三年要达到 900 万元，那么第二年的营业额比第一年增加多少万元？

解 因为营业额成等比数列，所以第二年的营业额（单位：万元）是 100 和 900 的等比中项，设其为 a，则

$$a=\pm\sqrt{100\times 900}=\pm 300.$$

因为营业额不断增加，所以不可能为负，因此舍去 -300，由

此得第二年的营业额为 300 万元.

所以第二年的营业额比第一年的营业额增加 200 万元.

探究

在等比数列 $\{a_n\}$ 中，根据等比中项的定义可知 $a_2^2 = a_1 \cdot a_3$，即

$$a_2 \cdot a_2 = a_1 \cdot a_3.$$

类似地，有

$$a_2 \cdot a_4 = a_1 \cdot a_5,$$

$$a_3 \cdot a_7 = a_4 \cdot a_6,$$

$$\cdots\cdots$$

由此我们想到：

若 $m+n = p+q$ $(m, n, p, q \in \mathbf{N}^*)$，则应有

$$a_m \cdot a_n = a_p \cdot a_q.$$

你能证明这个结论吗？

知识巩固 1

1. 下列数列是等比数列吗？如果是，求出数列的公比；如果不是，说明理由.

(1) -2，2，-2，2，$\cdots$；　　　　(2) 0，2，4，8，16，$\cdots$；

(3) 32，16，8，4，$\cdots$；　　　　(4) a，a，a，a，a，$\cdots$.

2. 已知以下数列都是等比数列，填写所缺项，并求其公比.

(1) 1，$-\dfrac{3}{2}$，_____，_____，$\cdots$；

(2) 2，_____，_____，16，$\cdots$；

(3) 5，_____，5，_____，$\cdots$.

3. 在等比数列 $\{a_n\}$ 中：

(1) 已知 $a_1 = 3$，$q = 2$，求 a_6；

(2) 已知 $a_2 = 2$，$a_5 = 54$，求 q 和 a_8；

(3) 已知 $a_3 \cdot a_{15} = 100$，$a_8 = 20$，求 a_{10}.

4. 求 27 和 3 的等比中项.

5.《孙子算经》中有"出门望九堤"的问题:"今有出门望见九堤,堤有九木, 木有九枝, 枝有九巢, 巢有九禽, 禽有九雏, 雏有九毛, 毛有九色, 问各几何?"请同学们计算结果并交流.

1.3.2 等比数列的前 n 项和

本章最开始提到关于国际象棋的传说,按照发明者的请求, 棋盘的第一个方格内放 1 粒麦子, 第二个方格内放 2 粒, 第三个方格内放 4 粒, 如此继续下去, 每个方格内的麦粒数都是前一个方格的两倍, 直至第 64 个方格. 那么, 这位发明者要求的总麦粒数是

$$1 + 2 + 2^2 + 2^3 + 2^4 + \cdots + 2^{63}.$$

实际是求首项为 1, 公比为 2 的等比数列前 64 项和, 即

$$S_{64} = 1 + 2 + 2^2 + 2^3 + 2^4 + \cdots + 2^{63}. \qquad ①$$

把①式两边分别乘以公比 2, 得到

$$2S_{64} = 2 + 2^2 + 2^3 + 2^4 + 2^5 \cdots + 2^{64}. \qquad ②$$

将①②两式的两边分别相减, 得

$$-S_{64} = 1 - 2^{64},$$

即

$$S_{64} = 2^{64} - 1.$$

对于任何首项为 a_1, 公比为 q 的等比数列 $\{a_n\}$, 有

$$S_n = a_1 + a_2 + a_3 + \cdots + a_n,$$
$$S_n = a_1 + a_1 q + a_1 q^2 + \cdots + a_1 q^{n-2} + a_1 q^{n-1}. \qquad ③$$

用公比 q 乘③式两边, 得

$$qS_n = a_1 q + a_1 q^2 + a_1 q^3 + \cdots + a_1 q^{n-1} + a_1 q^n. \qquad ④$$

将③④两式的两边分别相减, 得

$$S_n - qS_n = a_1 - a_1 q^n,$$

即

$$(1-q)S_n = a_1(1-q^n).$$

由此得到, 当 $q \neq 1$ 时, 等比数列 $\{a_n\}$ 的前 n 项和的公式

试一试

通常每千粒小麦约重 40 g, 请计算这些小麦有多少吨后, 查一查现在全世界小麦的年产量, 看看当年国王能不能满足发明者的要求.

$$S_n = \frac{a_1(1-q^n)}{1-q} \quad (q \neq 1).$$

因为 $a_n = a_1 q^{n-1}$，所以

$$a_1 q^n = a_1 q^{n-1} \cdot q = a_n q.$$

于是，求和公式又可改写成

$$S_n = \frac{a_1 - a_n q}{1-q} \quad (q \neq 1).$$

当 $q = 1$ 时，因为 $a_1 = a_2 = a_3 = \cdots = a_n$，所以

$$S_n = n a_1.$$

综上所述，可以得到等比数列 $\{a_n\}$ 的前 n 项和的公式

$$S_n = \frac{a_1(1-q^n)}{1-q} = \frac{a_1 - a_n q}{1-q} \quad (q \neq 1),$$

$$S_n = n a_1 \quad (q = 1).$$

例题解析

例1　求等比数列 -3，6，-12，$\cdots$ 的前 8 项之和.

解　因为 $a_1 = -3$，$q = -2$，$n = 8$，所以

$$S_8 = \frac{a_1(1-q^8)}{1-q} = \frac{-3 \times [1-(-2)^8]}{1-(-2)} = \frac{-3 \times (1-256)}{3} = 255.$$

例2　求和：$1 + \frac{1}{2} + \frac{1}{4} + \frac{1}{8} + \frac{1}{16} + \frac{1}{32} + \frac{1}{64} + \frac{1}{128} + \frac{1}{256}$.

解　这是求首项为 1、公比为 $\frac{1}{2}$ 的等比数列的前 9 项的和，根据等比数列前 n 项和公式得

$$S_9 = \frac{a_1 - a_9 q}{1-q} = \frac{1 - \frac{1}{256} \times \frac{1}{2}}{1 - \frac{1}{2}} = \frac{511}{256}.$$

例3　某企业第一年的产值是 1 500 万元，计划每年递增 15%，这五年的总产值是多少万元（保留两位小数）？

解　设第 n 年的产值用 a_n 表示，每年递增率为 15%，则

$$a_1 = 1\,500,$$

$$a_2 = 1\,500 \times (1+15\%),$$

$$a_3 = 1\,500 \times (1+15\%)^2,$$

$$a_4 = 1\,500 \times (1+15\%)^3,$$

$$a_5 = 1\,500 \times (1+15\%)^4.$$

因此，$\{a_n\}$ 是公比为 $q = 1.15$，首项为 $a_1 = 1\,500$ 的等比数列.

依题意，五年的总产值为 S_5，则

$$S_5 = \frac{a_1(1-q^5)}{1-q} = \frac{1\,500 \times (1-1.15^5)}{1-1.15} \approx 10\,113.57 \text{（万元）}.$$

因此，这五年的总产值约为 10 113.57 万元.

例 4　某人投资 10 万元办了一个养鸡场，其中有 5 万元是向银行贷款的，贷款年利率为 5.6%（只计本金带来的利息）. 预计每出售一只肉鸡可盈利 1 元，投资当年就能出售 30 000 只. 他准备在 3 年内收回全部投资，并偿还银行的利息，为此，他必须以怎样的年增长率发展肉鸡养殖（假设年增长率不变，精确到 0.1%）？

解　由题意可知，3 年内他出售肉鸡的收入成等比数列. 设养殖肉鸡每年的增长率为 x，则 $q = 1+x$.

因为他准备在 3 年内就收回全部投资，并偿还银行的利息，所以

$$[30\,000 + 30\,000(1+x) + 30\,000(1+x)^2] \times 1 =$$
$$50\,000 + 50\,000(1+3 \times 5.6\%),$$

化简得

$$x^2 + 3x - \frac{46}{75} = 0.$$

根据题意，年增长率为正，所以

$$x = \frac{-3 + \sqrt{9 + 4 \times \frac{46}{75}}}{2} \times 100\% \approx 19.2\%.$$

因此，他必须以每年不低于 19.2% 的增长率发展肉鸡养殖.

知识巩固 2

1. 在等比数列 $\{a_n\}$ 中：

(1) $a_1 = 48$，$q = \dfrac{3}{2}$，求 S_9；

(2) $a_1 = -5$, $a_4 = -40$, 求 S_5;

(3) $a_{10} = 1\ 536$, $q = 2$, 求 S_{10};

(4) $a_n = 3^n$, 求 S_5.

2. 已知等比数列 2, 4, 8, 16, …, 求第 5 项到第 10 项的和.

3. 某商场第一年销售计算机 5 000 台, 如果平均每年的销售量比上一年增长 10%, 那么从第一年起, 约几年可使总销售量达到 30 000 台 (保留到个位)?

4. 有一条消息, 若一人得知后用 1 h 传给未知此消息的两个人, 这两个人又用 1 h 分别传给未知此信息的另外两个人, 如此继续下去, 经过 24 h 可传遍多少人?

数学与生活

银行利息小常识

通常, 利息计算分为单利和复利两种计算方式.

一、单利

所谓单利, 是指计算本金所带来的利息, 而不考虑利息再产生利息的计息方法. 单利终值即指一定时期以后的本利和. 存人民币 100 元, 年利率为 1.50%, 从第 1 年到第 3 年, 按单利各年年末的终值可计算如下:

100 元 1 年后的终值 = $100 \times (1 + 1.50\% \times 1) = 101.50$ (元);

100 元 2 年后的终值 = $100 \times (1 + 1.50\% \times 2) = 103.00$ (元);

100 元 3 年后的终值 = $100 \times (1 + 1.50\% \times 3) = 104.50$ (元).

由此可推出单利终值的一般计算公式为

$$V_n = V_0 \times (1 + i \times n).$$

其中, V_n 为终值, 即第 n 年末的价值; V_0 为现值, 即第 1 年初的价值; i 为利率; n 为计息期数.

因此, 按单利计算, 终值是等差数列.

二、复利

复利是每期产生的利息并入本金一起参与计算下一期利息的计息方法. 复利终值即

是在"利滚利"基础上计算的现在的一笔收付款项未来的本利和. 存人民币 100 元, 年利率为 1.50%, 从第 1 年到第 3 年, 按复利各年年末的终值可以计算如下:

100 元 1 年后的终值＝100×(1＋1.50%)＝101.50 (元);

100 元 2 年后的终值＝100×(1＋1.50%)^2≈103.02 (元);

100 元 3 年后的终值＝100×(1＋1.50%)^3≈106.14 (元).

由此可推出复利终值的一般计算公式为

$$V_n=V_0×(1＋i)^n.$$

其中, V_n 为终值, 即第 n 年末的价值; V_0 为现值, 即第 1 年初的价值; i 为利率; n 为计息期数.

因此, 按复利计算, 各年年末的终值是等比数列.

实 践 活 动

小张想开一家餐馆, 需资金 60 万元, 自有资金 30 万元, 资金不足部分通过贷款获得. 已知此项贷款期限为 5 年, 年利率为 4.75%, 到期一次性还清. 小张准备在这 5 年期间, 每月固定时间等额在银行存款 (第一次存款时间与获得贷款时间相同), 最终以此项存款总额和利息偿还贷款. 已知银行 5 年期零存整取年利率为 1.55%, 存贷款均按单利计算. 小张每月至少应存入多少元?

本章小结

　　数列作为一种特殊的函数形式，其序号与项之间有一一对应的关系. 在本章中，我们学习了数列的概念，并重点学习了等差数列和等比数列这两类常见的数列. 通过对其性质的研究，推导出了这两类数列的通项公式与前 n 项和公式，并应用它们解决了一些数学问题和实际问题.

　　请根据本章所学知识，将知识框图补充完整.

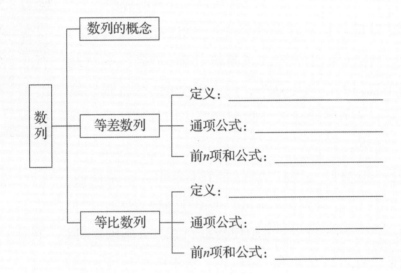

《张丘建算经》与等差数列

《张丘建算经》（图 1-3）是《算经十书》之一，分三卷共有 92 题，由北魏数学家张丘建所著，书中包括测量、纺织、交换、土木工程等方面的计算问题. 它在最小公倍数概念的发展、等差数列的计算和算法的完善以及不定方程等方面有独到的见解.

图 1-3

等差数列的记载最早见于《周髀算经》，问题和算法均较为简单，其中末项的算法仅限于公差逐项累加计算. 刘徽注的《九章算术》阐明等差数列的概念与算法，但不够全面. 在《张丘建算经》中，虽然只有 7 道题涉及等差数列问题，但其解法较《九章算术》更完善、系统.

《张丘建算经》有这样一道题：今有女子不善织，日减功迟. 初日织五尺，末日织一尺. 今三十日织讫，问织几何？答曰：二匹一丈.

术（解题方法）曰：并初、末日织尺数半之余，以乘织讫日数，即得.

题目的意思是：有一个女子不擅长织布，每天的工作效率都在降低. 第一天她织了五尺布，最后一天只织了一尺布. 现在她织了三十天，问她总共织了多少布？

解题方法：把第一天和最后一天织的布的长度加起来，再除以 2 得到平均数，用这个平均数乘以织布的天数，就可以得到总的布数.

这个织布问题是一个递减等差数列问题，张丘建将数列的首项 a_1 称为"初日织数"，末项 a_n 称为"末日织数"，项数 n 称为"织讫日数"，前 n 项之和 S_n 称为"织数"，公差 d 称为"日益"或"日减". 依照书中的意思列出公式

$$S_n = \frac{n}{2}(a_1 + a_n).$$

将已知数据代入上式得

$$S_n = \frac{30}{2} \times (5+1) = 90 \ (尺).$$

这是中国最早的等差数列公式. 此外，《张丘建算经》还给出了多种不同的等差数列算法公式，可分别求解 S_n，d，a_1，a_n 及 n. 这些问题和解法说明，在 5 世纪，中国数学中等差数列的基础理论已较为系统，为后来等差数列的深入研究奠定了基础.

第 2 章

排列与组合

　　"排列"和"组合"这两个词语我们并不陌生，例如，按姓氏笔画排列姓名，试卷由选择题、填空题、判断题、解答题四部分组合而成等. 与上述语境中有所区别，我们在本章中学习的"排列""组合"与"计数"有关. 中国古代很早就用组合的方法来计数，天干纪年法就是用天干（甲、乙、丙、丁、戊、己、庚、辛、壬、癸）和地支（子、丑、寅、卯、辰、巳、午、未、申、酉、戌、亥）两两顺序组合，形成以六十为周期的序数，即甲子，乙丑，丙寅，……2024 年就是农历甲辰年.

　　本章学习的"排列""组合"是更好的计数方法，利用它们可以快速地解决一些看起来很难的计数问题，例如，要从 30 名学生中选择 6 名参加义工活动，有多少种可能的情况呢？学完这一章我们就可以应用排列和组合的方法解决这类问题了.

学习目标

1. 能根据实际情境，运用分类计数（加法）原理和分步计数（乘法）原理解决一些简单的计数问题.

2. 能根据实际情境，把实际问题归结为排列或组合问题，并能运用排列或组合的知识解决计数问题.

3. 学会使用计算器正确计算排列数和组合数.

4. 了解二项式定理，并熟悉二项式定理的简单应用.

知识回顾

1. 用 2 和 3 能组成多少个不同的两位数？

解　能组成 32 和 23 共 2 个不同的两位数.

2，3 交换位置

2. 用 1，2，3 能组成几个不同的两位数？

解
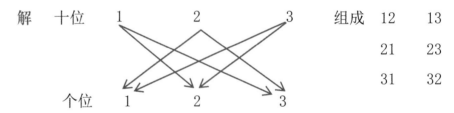

组成	12	13
	21	23
	31	32

一共能组成 6 个两位数.

> **提示**　把 3 个数字分别放在十位数的位置，然后用剩下的数字来填写个位数.

3. 妈妈新买了 2 件上衣和 2 件下装，她最多能够搭配出几套不同的穿法？

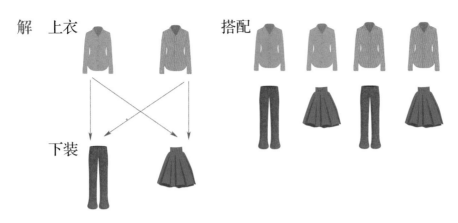

解　上衣　　　　　　　　搭配

下装

妈妈最多能够搭配出 4 种不同的穿法.

日常生活中经常遇到类似的计数问题，如果问题中的情况很少，可以通过逐个列举计数；如果问题中的情况很多，就可以运用排列与组合的知识解决问题.

2.1 计数原理

问题 1 如图 2-1 所示,某人从甲地到乙地,可以乘汽车、轮船或火车,一天中汽车有 3 班、轮船有 2 班、火车有 1 班. 那么,一天中乘坐这些交通工具从甲地到乙地共有多少种不同的走法?

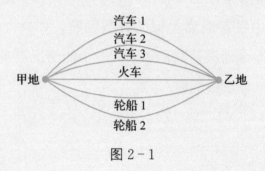

图 2-1

问题 2 如图 2-2 所示,某人从甲地出发,经过乙地到达丙地. 从甲地到乙地有 A,B,C 共 3 条路可走;从乙地到丙地有 a,b 共 2 条路可走. 那么,从甲地经过乙地到丙地共有多少种不同的走法?

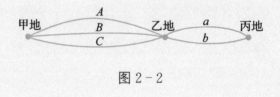

图 2-2

对于问题 1,从甲地到乙地,有 3 类不同的交通方式:乘汽车、乘轮船、乘火车. 使用这 3 类交通方式中的任何一类都能从甲地到达乙地. 所以某人从甲地到乙地的不同走法的种数,恰好是各类走法种数之和,也就是 3+2+1=6 种.

由此,我们得到分类计数原理(加法原理):

如果完成一件事有 n 类办法,在第 1 类办法中有 k_1 种不同的方法,在第 2 类办法中有 k_2 种不同的方法……在第 n 类办法中有 k_n 种不同的方法,那么,完成这件事共有

$$N = k_1 + k_2 + \cdots + k_n$$

种不同的方法.

问题 2 与问题 1 不同. 在问题 1 中, 采用任何一类交通方式都可以直接从甲地到乙地. 在问题 2 中, 从甲地到丙地必须经过乙地, 即要分两个步骤来走.

步骤一: 从甲地到乙地有 3 种走法.

步骤二: 按上一步的每一种走法到乙地后, 又都有 2 种走法到丙地.

所以, 在问题 2 中, 从甲地经过乙地到丙地的不同走法, 正好是完成两个步骤的方法种数的乘积, 即 $3 \times 2 = 6$ 种.

由此, 我们得到**分步计数原理 (乘法原理)**:

> 如果一件事需要分成 n 个步骤完成, 做第 1 步有 k_1 种不同的方法, 做第 2 步有 k_2 种不同的方法……做第 n 步有 k_n 种不同的方法, 那么, 完成这件事共有
>
> $$N = k_1 \times k_2 \times \cdots \times k_n$$
>
> 种不同的方法.

> **试一试**
>
> 对于问题 2, 如果用 "Aa" 表示从甲地由路径 A 到乙地, 再从乙地由路径 a 到丙地, 请你列出所有从甲地到丙地的走法.

例题解析

例 1 某校评选的优秀毕业生中, 机械类专业有 10 人, 建筑类专业有 8 人, 服务类专业有 5 人, 电工电子类专业有 6 人.

(1) 从这四类专业中选出 1 名优秀毕业生出席全省优秀毕业生表彰会, 有多少种不同的选法?

(2) 从这四类专业中各选出 1 名优秀毕业生, 参加校优秀毕业生报告会, 有多少种不同的选法?

解 (1) 选 1 名优秀毕业生出席全省优秀毕业生表彰会, 有 4 类办法: 第 Ⅰ 类办法从机械类专业选人, 可以从 10 人中选 1 人; 第 Ⅱ 类办法从建筑类专业选人, 可以从 8 人中选 1 人; 第 Ⅲ 类办法

从服务类专业选人, 可以从 5 人中选 1 人; 第Ⅳ类办法从电工电子类专业选人, 可以从 6 人中选 1 人.

根据分类计数原理, 得到不同选法的种数为

$$N = 10 + 8 + 5 + 6 = 29.$$

(2) 从这四类专业中各选出 1 名优秀毕业生, 参加校优秀毕业生报告会, 可以分成 4 个步骤完成: 第 1 步从机械类专业中选 1 人, 共 10 种选法; 第 2 步从建筑类专业中选 1 人, 共 8 种选法; 第 3 步从服务类中选 1 人, 共 5 种选法; 第 4 步从电工电子类专业中选 1 人, 共 6 种选法.

根据分步计数原理, 得到不同选法的种数为

$$N = 10 \times 8 \times 5 \times 6 = 2\ 400.$$

例 2　要从小张、小王、小李 3 名工人中选出 2 名分别上日班和夜班, 共有多少种不同的选法?

解　从 3 名工人中选 1 名上日班和夜班, 可以看成是先选 1 名上日班, 再选 1 名上夜班两个步骤完成.

先选 1 名上日班, 共有 3 种选法, 再选 1 名上夜班, 共有 2 种选法. 根据分步计数原理, 得到不同选法的种数为

$$N = 3 \times 2 = 6.$$

例 3　如图 2-3 所示, 要给①②③④四块区域分别涂上红、黄、蓝、绿、紫五种颜色中的某一种, 允许同一种颜色使用多次, 但相邻区域必须涂不同的颜色, 则不同的涂色方法有多少种?

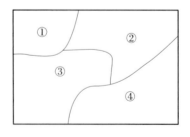

图 2-3

解　按照题目要求, 可以看成是先涂区域①的颜色, 再涂区域②的颜色, 以此类推, 分 4 个步骤完成.

第 1 步: 给区域①选 1 种颜色, 有 5 种选法;

第 2 步：区域②与区域①相邻，所以不能与区域①同色，区域②有 4 种选法；

第 3 步：区域③与区域①和区域②均相邻，所以不能与区域①和区域②的颜色相同，区域③有 3 种选法；

第 4 步：区域④与区域②和区域③均相邻，所以不能与区域③和区域②的颜色相同，区域④有 3 种选法.

根据分步计数原理，得到不同选法的种数为

$$N = 5 \times 4 \times 3 \times 3 = 180.$$

知识巩固

1. 某班教室设置的书架有上、中、下三层，上层有 5 本小说，中层有 3 本散文，下层有 6 本杂志.

(1) 小王同学从书架上任取一本书，有多少种不同的取法？

(2) 小张同学从书架上任取小说、散文和杂志各一本，有多少种不同的取法？

2. 如图 2-4 所示，要给①②③④四块区域分别涂上红、黄、蓝、绿、紫五种颜色中的某一种，允许同一种颜色使用多次，但相邻区域必须涂不同的颜色，则不同的涂色方法有多少种？

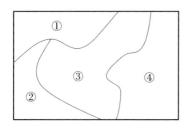

图 2-4

2.2　排列

实例考察

　　在工作和生活中有很多需要选取并安排人或事物的问题. 针对某个具体问题, 人们往往需要知道共有多少种选择方法. 考察下面的两个例子, 并按要求填写表格.

　　安排班次　要从甲、乙、丙 3 名工人 (图 2-5) 中选取 2 名, 分别安排上日班和夜班, 找出所有的选择方法, 将表 2-1 补充完整.

甲　　　　　乙　　　　　丙

图 2-5

表 2-1　　　　　　　　　　安排班次选择方法

班次		选择方法
日班	甲	
夜班	乙	

　　放置小球　有分别编号的 4 个小球和 3 个盒子 (图 2-6), 要选取其中的 3 个小球分别放入盒子中, 每个盒子只能放一个球, 表 2-2 已给出 2 种放置方法, 请你补充列出其余所有方法.

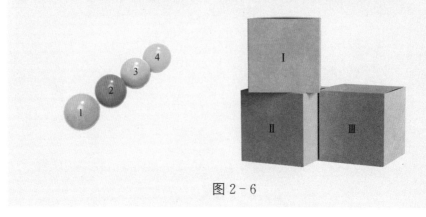

图 2-6

盒号	小球放置方式					
Ⅰ	1	1				
Ⅱ	2	2				
Ⅲ	3	4				

表 2 - 2　　　　　　　小球放置方式

2.2.1　排列与排列数的概念

本节实例考察中"安排班次"的问题，共有 6 种不同的选择方法：

甲乙　甲丙　乙甲　乙丙　丙甲　丙乙

这个问题也可以分 2 个步骤来完成：第 1 步，从甲、乙、丙 3 个工人中选取一人上日班，共有 3 种选择；第 2 步，从另外 2 人中选取一人上夜班，共有 2 种选择. 由分步计数原理，得不同的选取方法种数为

$$3 \times 2 = 6.$$

这里，甲、乙、丙都是研究的对象. 我们一般把研究的对象称为**元素**. 对日班和夜班的安排，就是将所选元素排一个顺序. 由此可知，"安排班次"这一实例的特点是：从 3 个不同元素中任意选择 2 个元素，并按一定的顺序排成一列.

本节实例考察中的"放置小球"的问题，共有 24 种不同的放置方法：

123　　124　　132　　134　　142　　143
213　　214　　231　　234　　241　　243
312　　314　　321　　324　　341　　342
412　　413　　421　　423　　431　　432

这个问题也可以分 3 个步骤来完成：第 1 步，从 4 个小球中取出一个放入盒子Ⅰ中，共有 4 种不同的取法；第 2 步，从余下的 3 个小球中取出一个放入盒子Ⅱ中，共有 3 种不同的取法；第 3 步，从前两步余下的 2 个小球中取出一个放入盒子Ⅲ中，共有 2 种不同

的取法. 由分步计数原理, 得不同的放置方法种数为

$$4 \times 3 \times 2 = 24.$$

这里的 4 个小球都是元素. 将选出的 3 个小球分别放入盒子 Ⅰ, Ⅱ, Ⅲ 中, 就是为所选元素排一个顺序. 由此可知, "放置小球" 这一实例的特点是: 从 4 个不同元素中任意选择 3 个元素, 并按一定的顺序排成一列.

> 一般地, 从 n 个不同的元素中任取 m 个元素 (n, $m \in \mathbf{N}^*$, $m \leqslant n$), 按照一定的顺序排成一列, 称为从 n 个不同的元素中取出 m 个元素的一个**排列**.

由上述定义可知, 对于从 n 个不同的元素中取出 m ($m \leqslant n$) 个元素的排列中, 任意两个不同的排列可分为 2 种情形:

1. 两个排列中的元素不完全相同. 例如, "放置小球" 问题中, 123 与 124 是两个不同的排列.

提示　排列与 "顺序" 有关.

---

2. 两个排列中的元素相同, 但排列的顺序不相同. 例如, "放置小球" 问题中, 123 与 321 是两个不同的排列.

只有元素相同且元素的排列顺序也相同的两个排列才是相同的排列.

> 从 n 个不同元素中取 m 个元素 (n, $m \in \mathbf{N}^*$, $m \leqslant n$) 的所有排列的个数, 称为从 n 个不同的元素中取出 m 个元素的**排列数**, 用符号 A_n^m 表示.

提示　A 是英文 alignment (排列) 的第一个字母.

"安排班次" 问题是求从 3 个不同元素中任意取出 2 个元素的排列数 A_3^2. 根据前面的计算可知

$$A_3^2 = 3 \times 2 = 6.$$

"放置小球" 问题是求从 4 个不同元素中任意取出 3 个元素的

排列数 A_4^3. 根据前面的计算可知

$$A_4^3 = 4 \times 3 \times 2 = 24.$$

知识巩固 1

1. 判断下列问题是不是求排列数的问题. 如果是, 请写出相应的排列数的符号:

(1) 6 个学生站成一排照相, 计算有多少种站队的方法;

(2) 8 个人互相握一次手, 计算共握了多少次;

(3) 把 6 份新年礼物装入 6 个不同的盒子, 每个盒子里只能放 1 份, 计算有多少种分配方法;

(4) 平面上有 5 个点, 任意 3 个点不共线, 计算这 5 个点最多可确定多少条射线;

(5) 从数字 1, 2, 3, 4 中, 任选 2 个做加法, 计算其结果有多少种.

2. 按要求写出排列, 并写出相应的排列数的符号:

(1) 从数字 1, 2, 3 中, 任取 2 个组成两位数 (各位数字不同) 的所有排列;

(2) 从字母 A, B, C, D 中任取 2 个字母的所有排列.

2.2.2 排列数公式

首先, 我们来计算排列数 A_5^2.

求排列数 A_5^2 可以这样考虑: 假定有排好顺序的 2 个空位 (图 2-7), 从 5 个不同元素 a_1, a_2, a_3, a_4, a_5 中任取 2 个去填空, 1 个空位填 1 个元素, 每种填法就对应一个排列. 因此, 所有不同的填法的种数就是排列数 A_5^2.

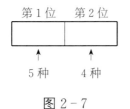

图 2-7

那么有多少种不同的填法呢? 事实上, 填空可分为 2 个步骤:

第 1 步, 从 5 个元素中任选 1 个元素填入第 1 位, 有 5 种填法.

第 2 步, 从剩下的 4 个元素中任选 1 个元素填入第 2 位, 有 4 种填法.

于是, 根据分步计数原理得到排列数

$$A_5^2 = 5 \times 4 = 20.$$

求排列数 A_n^m 同样可以这样考虑: 假定有排好顺序的 m 个空位 (图 2-8), 从 n 个不同的元素 a_1, a_2, a_3, $\cdots$, a_n 中任取 m 个去填空, 1 个空位填 1 个元素, 每种填法就对应 1 个排列. 因此, 所有不同的填法的种数就是排列数 A_n^m.

图 2-8

填空可分为 m 个步骤:

第 1 步, 从 n 个元素中任选 1 个元素填入第 1 位, 有 n 种填法.

第 2 步, 从第 1 步选剩的 $(n-1)$ 个元素中任选 1 个元素填入第 2 位, 有 $(n-1)$ 种填法.

第 3 步, 从前两步选剩的 $(n-2)$ 个元素中任选 1 个元素填入第 3 位, 有 $(n-2)$ 种填法.

依次类推, 当前 $(m-1)$ 个空位都填上后, 只剩下 $(n-m+1)$ 个元素, 从中任选 1 个元素填入第 m 位, 有 $(n-m+1)$ 种填法.

根据分步计数原理, 全部填满 m 个空位共有

$$n(n-1)(n-2)\cdots(n-m+1)$$

种填法.

由此可得**排列数公式**:

$$A_n^m = n(n-1)(n-2)\cdots(n-m+1) \quad (m, n \in \mathbf{N}^*, m \leqslant n).$$

排列数公式的特点是: 等号右边第 1 个因数是 n, 后面的每个

因数都比它前面一个因数少 1，最后一个因数为 $(n-m+1)$，共有 m 个因数相乘. 例如：

$$A_5^3 = 5 \times 4 \times 3 = 60,$$

$$A_8^2 = 8 \times 7 = 56,$$

$$A_6^6 = 6 \times 5 \times 4 \times 3 \times 2 \times 1 = 720.$$

从 n 个不同元素中取出全部 n 个元素的一个排列称为 n 个元素的一个**全排列**. 这时排列数公式中 $m=n$，即有

$$A_n^n = n \times (n-1) \times (n-2) \times \cdots \times 3 \times 2 \times 1.$$

因此，n 个不同元素的全排列数等于正整数 $1, 2, 3, \cdots, n$ 的连乘积. 正整数 $1, 2, 3, \cdots, n$ 的连乘积称为 n 的**阶乘**，记作 $n!$，即

$$A_n^n = n!.$$

因为

$$A_n^m = n(n-1)(n-2)\cdots(n-m+1)$$

$$= \frac{n(n-1)(n-2)\cdots(n-m+1)(n-m)\times\cdots\times2\times1}{(n-m)\times\cdots\times2\times1},$$

所以，排列数公式还可写成

$$A_n^m = \frac{n!}{(n-m)!}.$$

为使这个公式在 $m=n$ 时仍成立，我们规定

$$0! = 1.$$

排列数 A_n^m 和全排列数 $A_n^n = n!$ 也可以用计算器直接计算. 计算 A_n^m 的按键顺序是：n ⬚SHIFT ⬚nPr m ⬚$=$；计算 $n!$ 的按键顺序是：n ⬚SHIFT ⬚$x!$ ⬚$=$. 但是由于阶乘结果的增长速度是非常快的，一般的十位计算器可以直接表示13!的结果，14!的结果则以科学记数法表示.

例题解析

例1 计算下列各题：

(1) A_{10}^4；(2) A_5^5.

解 (1) $A_{10}^4 = 10 \times 9 \times 8 \times 7 = 5\ 040$.

(2) $A_5^5 = 5! = 5 \times 4 \times 3 \times 2 \times 1 = 120$.

本题也可以直接用计算器计算.

计算 A_{10}^4 的按键顺序为：10 $\boxed{\text{SHIFT}}$ $\boxed{\text{nPr}}$ 4 $\boxed{=}$.

计算 A_5^5 的按键顺序为：5 $\boxed{\text{SHIFT}}$ $\boxed{x!}$ $\boxed{=}$.

例2 　 若 $A_n^2 = 20$，求 n.

解 　 由于 $A_n^2 = n(n-1) = 20$，即

$$n^2 - n - 20 = 0,$$

解得 $n = -4$（舍去）或 $n = 5$.

所以，$n = 5$.

想一想

为什么 $n = -4$ 要舍去?

例3 　 书架上有 10 本不同的书，任意抽取 2 本送给两位同学，每人各得 1 本，有多少种不同的方法?

解 　 从 10 本不同的书中任意抽取 2 本送给两位同学，对应于从 10 个元素中任意取出 2 个元素的一个排列，因此送书的方法的总个数为

$$A_{10}^2 = 10 \times 9 = 90.$$

例4 　 如果你是某校教务的排课老师，某班周三这天有数学、语文、物理、英语、体育、自习 6 节课，若第 1 节不排体育和自习，有多少种排法?

解 　 第 1 节课不排体育和自习，那么剩下的 4 门课都可以安排在第 1 节课，对应于从 4 个元素中任意取出 1 个元素的一个排列，因此第 1 节课的排法是

$$A_4^1 = 4.$$

安排完第 1 节课后，剩下的 5 门课程排到对应的 5 节课，对应于从 5 个元素中任意取出 5 个元素的一个全排列，得到

$$A_5^5 = 5 \times 4 \times 3 \times 2 \times 1 = 120 \text{（种）}.$$

按照分步计数原理，符合条件的排课方法数量是

$$A_4^1 A_5^5 = 4 \times 120 = 480.$$

例5 　 5 个同学相约一起外出旅游，其中 3 个是男生，2 个是女

生，这 5 个同学站成一排照相留念：

(1) 若 2 个女生要站在一起，有多少种不同的排法？

(2) 若 2 个女生互不相邻，有多少种不同的排法？

(3) 若正中间位置只能安排女生，有多少种不同的排法？

解 (1) 将 2 个女生先看成一个整体，如图 2 - 9 中虚线所示，将这个整体和 3 个男生放在一起进行排列，对应于从 4 个元素中任意取出 4 个元素的一个全排列，得到

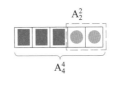

图 2 - 9

$$A_4^4 = 4 \times 3 \times 2 \times 1 = 24.$$

再将 2 个女生进行内部排列，对应于从 2 个元素中任意取出 2 个元素的一个全排列，得到

$$A_2^2 = 2 \times 1 = 2.$$

按照分步计数原理，符合条件的排列方法数量是

$$A_4^4 A_2^2 = 24 \times 2 = 48.$$

(2) 男生排列没有任何条件限制，先排 3 个男生，对应于从 3 个元素中任意取出 3 个元素的一个全排列，得到

$$A_3^3 = 3 \times 2 \times 1 = 6.$$

再排女生的位置，由于 2 个女生互不相邻，如图 2 - 10 所示，女生只能排在箭头所指向的位置，有 4 个位置可以排，对应于从 4 个元素中任意取出 2 个元素的一个排列，得到

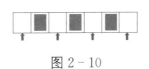

图 2 - 10

$$A_4^2 = 4 \times 3 = 12.$$

按照分步计数原理，符合条件的排列方法数量是

$$A_3^3 A_4^2 = 6 \times 12 = 72.$$

(3) 先安排正中间的位置，如图 2 - 11 所示，2 个女生中任选一个在正中间的位置，对应于从 2 个元素中任意取出 1 个元素的一个排列，得到

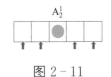

图 2 - 11

$$A_2^1 = 2 \times 1 = 2.$$

再安排剩下的 4 位同学的位置，没有任何限制，有 4 个位置可以安排，对应于从 4 个元素中任意取出 4 个元素的一个全排列，得到

$$A_4^4 = 4 \times 3 \times 2 \times 1 = 24.$$

最后按照分步计数原理，符合条件的排列方法数量是

$$A_2^1 A_4^4 = 2 \times 24 = 48.$$

提示　例 5 用到了排列问题的常用解题方法. 其中第（1）题将 2 个女生看成一个整体，这种方法叫做捆绑法；第（2）题 2 个女生互不相邻，那么先排男生，再排女生，这种方法叫做插空法；第（3）题需要先安排正中间位置，这种方法叫做特殊位置先排法.

例 6　用所有 26 个英文字符组成一个 26 位的密码，规定在一个密码中不出现相同的字符，那么可以组成多少种不同的密码？用单台计算机去解密，若计算机解密的速度是每秒钟检查 10^7 个不同的密码，那么最多需要多少时间才能解密（结果以年为单位，保留 6 位有效数字）？

解　26 个英文字符是 26 个不同的元素，密码是 26 个元素的一个全排列，所以组成的密码数是 26!.

计算机解密耗时最长的情况是直到最后一个才检查到设置的密码，此时耗时 t 为

$$t = 26! \div 10^7$$
$$\approx 4.032\ 91 \times 10^{19}\ （秒）$$
$$\approx 1.278\ 83 \times 10^{12}\ （年）.$$

所以，用题中所给计算机解密，最多需要时间约为 12 788.3 亿年.

知识巩固 2

1. 计算：

（1）A_5^4；（2）A_9^4；（3）A_7^7；（4）$A_{10}^5 - 7A_{10}^3$.

2. 若 $A_n^2 = 56n$，求 n.

3. 从 5 个人中选出 3 个人，坐在 3 个座位上，有多少种不同的方法？

4. 7 个同学相约一起外出旅游，其中 4 个男生，3 个女生，现让这 7 个同学站成一排照相留念：

(1) 若 3 个女生要站在一起，有多少种不同的排法？

(2) 若 3 个女生互不相邻，有多少种不同的排法？

(3) 若正中间位置只能安排女生，有多少种不同的排法？

2.3   组合

实例考察

问题 1   在一个 4 人（甲、乙、丙、丁）参加的小型工作会议上，任何一位与会者都要同其他与会者每人握手一次. 表 2 - 3 已给出两次握手的双方名单，请你根据图 2 - 12 的提示，补充列出其他各次握手的双方名单.

表 2 - 3   各次握手的双方名单

序号	1	2	
握手一方	甲	甲	
握手另一方	乙	丙	

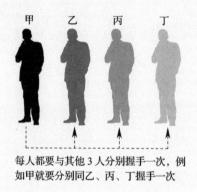

甲   乙   丙   丁

每人都要与其他 3 人分别握手一次，例如甲就要分别同乙、丙、丁握手一次

显然，甲与乙握手，乙与甲握手是同一过程. 也就是说，每 2 人间只握手一次

图 2 - 12

实际上，列出各次握手的双方名单就是要从 4 个人中选出 2 人，且不计 2 人间的顺序，并将各种选法罗列出来. 从这种思路出发，尝试解决下面的问题.

问题 2   要从甲、乙、丙 3 名工人中选取 2 名共同值夜班，有多少种选择方法？请逐一列出.

2.3.1　组合与组合数的概念

实例考察中的问题是选出 2 名工人共同值夜班. 这与选出 2 名工人分别值日班和夜班是不同的. 共同值夜班的 2 人没有班次差别，即不计 2 人的顺序. 因此，从 3 名工人中选 2 人共同值夜班共有 3 种选法：甲乙、甲丙、乙丙.

上述问题可以看成从 3 个元素中任取 2 个元素，不计顺序组成一组，求一共有多少个不同的组.

> 一般地，从 n 个不同元素中取出 m 个元素 $(n，m \in \mathbf{N}^*，m \leqslant n)$，不考虑顺序组成一组，称为从 n 个不同元素中取出 m 个元素的一个**组合**. 从 n 个不同元素中取出 m $(m \leqslant n)$ 个元素的所有组合的个数，称为从 n 个不同元素中取出 m 个元素的**组合数**，用符号 C_n^m 表示.

想一想

组合问题与排列问题有什么不同？

提示　C 是英文 combination（组合）的第一个字母.

例题解析

例　判断下列问题是排列问题还是组合问题，并写出相应排列数或组合数的符号.

(1) 从 5 个风景点中选出 2 个安排游览，有多少种不同的选法？

(2) 从 40 人的班级中选出 12 名同学生参加拔河比赛，共有多少种选法？从班级中选出 5 名同学参加乒乓球、跳绳、定点投篮、唱歌、书法 5 项不同的比赛，共有多少种选法？

解　(1) 从 5 个风景点中选出 2 个安排游览与顺序无关，所以是组合问题，共有 C_5^2 种选法.

(2) 由于参加拔河比赛的同学作为一个整体，与顺序无关，所以是组合问题，共有 C_{40}^{12} 种选法.

从班级中选出 5 名同学参加乒乓球、跳绳、定点投篮、唱歌、书法 5 项不同的比赛，由于比赛项目不同，所以与选择的顺序有关，因此是排列问题，共有 A_{40}^5 种选法.

> **知识巩固 1**

1. 判断下列问题是排列问题还是组合问题，并写出相应排列数或组合数的符号：

(1) 6 位朋友互相握手道别，共握手多少次？

(2) 6 道习题任意选做 4 道，有多少种不同的选法？

(3) 正十六边形有多少条对角线？

(4) 8 位朋友互相写信，共写多少封信？

(5) 班级有 40 名学生，从中选 2 名担任正、副班长，共有多少种选法？

(6) 有甲、乙、丙 3 人，任意选 2 人去参加比赛，共有多少种选法？

2. 按要求写出下列组合：

(1) 从 5 个元素 a，b，c，d，e 中任取 2 个元素的所有组合；

(2) 从 4 个元素 a，b，c，d 中任取 3 个元素的所有组合.

2.3.2　组合数公式

下面我们从研究排列数 A_n^m 与组合数 C_n^m 的关系入手，找出组合数 C_n^m 的计算公式.

从 4 个不同元素 a，b，c，d 中取出 3 个元素的排列与组合的关系如图 2-13 所示.

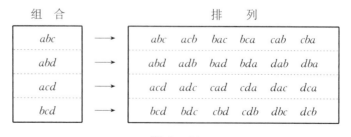

组　合		排　列					
abc	→	abc	acb	bac	bca	cab	cba
abd	→	abd	adb	bad	bda	dab	dba
acd	→	acd	adc	cad	cda	dac	dca
bcd	→	bcd	bdc	cbd	cdb	dbc	dcb

图 2-13

从图 2-13 可以看出，每一个组合都对应 6 种不同的排列. 因此，从 4 个不同元素中取 3 个元素的排列数 A_4^3，可以按以下两步求得.

第 1 步，从 4 个不同元素中取出 3 个元素做组合，共有 C_4^3 种.

第 2 步，对每一个组合中的 3 个不同元素做全排列，各有 $A_3^3 = 6$ 种.

根据分步计数原理，得

$$A_4^3 = C_4^3 A_3^3.$$

因此

$$C_4^3 = \frac{A_4^3}{A_3^3}.$$

通常，从 n 个不同元素中取出 m 个元素的排列数 A_n^m，可以按以下两步求得.

第 1 步，求出从 n 个不同元素中取出 m 个元素的组合数 C_n^m.

第 2 步，求每一个组合中 m 个元素的全排列数 A_m^m.

根据分步计数原理，得

$$A_n^m = C_n^m A_m^m.$$

由此得到**组合数公式**：

$$C_n^m = \frac{A_n^m}{A_m^m} = \frac{n(n-1)(n-2)\cdots(n-m+1)}{m!} \quad (m, n \in \mathbf{N}^*, m \leqslant n).$$

根据组合数公式，当 $m = n$ 时，有

$$C_n^m = C_n^n = 1.$$

上式很好理解：在不考虑顺序的前提下，要选出 n 个元素组成一组，而元素的总数恰好只有 n 个，显然只有一种选法，就是把这 n 个元素全部选出.

因为

$$A_n^m = \frac{n!}{(n-m)!},$$

所以组合数公式还可写成

$$C_n^m = \frac{n!}{m!(n-m)!}.$$

组合数 C_n^m 同样也可以利用计算器直接计算，其按键顺序是：

n $\boxed{\text{nCr}}$ m $\boxed{=}$.

例题解析

例 1 计算：

(1) C_8^2；(2) C_{10}^7.

解 (1) $C_8^2 = \dfrac{8 \times 7}{2!} = 28$.

(2) $C_{10}^7 = \dfrac{10 \times 9 \times 8 \times 7 \times 6 \times 5 \times 4}{7!} = 120$.

例 2 平面内有 10 个点，问：

(1) 以其中 2 个点为端点的线段共有多少条？

(2) 以其中 2 个点为端点的有向线段共有多少条？

解 (1) 以平面内 10 个点中 2 个点为端点的线段条数，就是从 10 个不同元素中取出 2 个元素的组合数，即

$$C_{10}^2 = \frac{10 \times 9}{2 \times 1} = 45.$$

(2) 由于有向线段的两个端点一个为起点，一个为终点，以平面内 10 个点中 2 个点为端点的有向线段条数，就是从 10 个不同元素中取出 2 个元素的排列数，即

$$A_{10}^2 = 10 \times 9 = 90.$$

例 3 某班级有 20 人，其中男生 8 人，女生 12 人，现需要组建一个 3 人社会实践活动小组，问：

(1) 共有多少种选法？

(2) 实践活动小组中至少有 1 个男生，有多少种取法？

(3) 实践活动小组中至多有 1 个男生，有多少种取法？

解 (1) 从 20 人中选择 3 人，取法种数是

$$C_{20}^3 = \frac{20 \times 19 \times 18}{3 \times 2 \times 1} = 1\,140.$$

(2) 解法一：实践活动小组中至少有 1 个男生，就有三种可能性，第一种从 8 个男生中选 1 个，再从 12 个女生中选 2 个，选法种

数是

$$C_8^1 C_{12}^2 = 8 \times \frac{12 \times 11}{2 \times 1} = 528.$$

第二种是从 8 个男生中选 2 个，再从 12 个女生中选 1 个，选法种数是

$$C_8^2 C_{12}^1 = \frac{8 \times 7}{2 \times 1} \times 12 = 336.$$

第三种是从 8 个男生中选 3 个，不选女生，选法种数是

$$C_8^3 = \frac{8 \times 7 \times 6}{3 \times 2 \times 1} = 56.$$

根据分类计数原理，将前面的 3 种情况相加，选法种数是

$$528 + 336 + 56 = 920.$$

解法二：男生和女生一共 20 人，从 20 人中任选 3 人的选法的种数是 C_{20}^3，在这些选法中，除全部都是女生的情形，其他选法都符合题目要求. 3 人全部是女生的选法种数是 C_{12}^3，因此，选出的 3 人中至少有 1 个男生的选法种数是

$$C_{20}^3 - C_{12}^3 = 1\ 140 - 220 = 920.$$

(3) 实践活动小组中至多有 1 个男生，有 2 种可能性.

第一种是从 8 个男生中选 1 个，再从 12 个女生中选 2 个，选法种数是

$$C_8^1 C_{12}^2 = 8 \times \frac{12 \times 11}{2 \times 1} = 528.$$

第二种是从 12 个女生中选 3 个，选法种数是

$$C_{12}^3 = \frac{12 \times 11 \times 10}{3 \times 2 \times 1} = 220.$$

根据分类计数原理，将前面的 2 种情况相加，选法种数是

$$528 + 220 = 748.$$

例 4 100 件商品中含有 3 件次品，其余都是正品，从中任取 3 件：

(1) 3 件都是正品，有多少种不同的取法？

(2) 3 件中恰有 1 件次品，有多少种不同的取法？

(3) 3 件中最多有 1 件次品，有多少种不同的职法？

(4) 3 件中至少有 1 件次品，有多少种不同的取法？

解 (1) 因为 3 件都是正品，所以应从 97 件正品中取，所有不同取法的种数是

$$C_{97}^3 = \frac{97 \times 96 \times 95}{3 \times 2 \times 1} = 147\ 440.$$

(2) 从 97 件正品中取 2 件，有 C_{97}^2 种取法；从 3 件次品中取 1 件，有 C_3^1 种取法．因此，根据分步计数原理，任取的 3 件中恰有 1 件次品的不同取法的种数是

$$C_{97}^2 C_3^1 = \frac{97 \times 96}{2 \times 1} \times 3 = 13\ 968.$$

(3) 3 件中最多有 1 件次品的取法，包括只有 1 件是次品和没有次品 2 种，其中只有 1 件是次品的取法有 $C_{97}^2 C_3^1$ 种，没有次品的取法有 C_{97}^3 种．因此，3 件中最多有 1 件次品的取法的种数是

$$C_{97}^2 C_3^1 + C_{97}^3 = 13\ 968 + 147\ 440 = 161\ 408.$$

(4) 3 件中至少有 1 件次品的取法，包括 1 件是次品，2 件是次品和 3 件是次品．因此 3 件中至少有 1 件次品的取法的种数是

$$C_{97}^2 C_3^1 + C_{97}^1 C_3^2 + C_3^3 = 13\ 968 + 291 + 1 = 14\ 260.$$

第 (4) 题也可以这样解：从 100 件商品中任取 3 件的取法的种数是 C_{100}^3，在这些取法中，包含了 3 件全部是合格品的情形，必须去掉，其他取法都符合题目要求．3 件全部是合格品的取法的种数是 C_{97}^3．因此，取出的 3 件中至少有 1 件是次品的取法的种数是

$$C_{100}^3 - C_{97}^3 = 161\ 700 - 147\ 440 = 14\ 260.$$

知识巩固 2

1. 计算：

(1) C_7^3；(2) C_{12}^4；(3) C_{12}^8；(4) $C_4^1 + C_4^2 + C_4^3 + C_4^4$.

2. 平面内有 8 个点，其中只有 3 个点在一条直线上，过 2 个点作一条直线，一共可以作几条直线？

3. 从 2，3，5，7，11 这 5 个数中任取 2 个相加，可以得到多少个不同的和？

4. 从数字 1～9 中任取 3 个数字：

（1）取出的 3 个数字全是偶数，有多少种不同的取法？

（2）取出的 3 个数字恰好有 1 个是偶数，有多少种不同的取法？

（3）取出的 3 个数字至少有 1 个是偶数，有多少种不同的取法？

5. 一个篮球队共有 8 名队员．按照篮球比赛的规则，比赛时一个篮球队的上场队员共 5 人．问：

（1）不考虑队员在场上的位置，这 8 名队员可以形成多少种上场方案？

（2）如果选出 5 名上场队员后，还要确定其中的中锋（1 名），那么又有多少种上场方案？

2.3.3　组合数的性质

从前面知识巩固 2 第 1 题的(2) (3)题可知

$$C_{12}^8 = C_{12}^4 = 495.$$

类似的例子还有很多，比如

$$C_5^3 = C_5^2 = 10，C_5^1 = C_5^4 = 5,$$

$$C_{10}^8 = C_{10}^2 = 45，C_{12}^9 = C_{12}^3 = 220.$$

在一般情况下也是如此：从 n 个元素中选出 m 个元素的组合数，与从 n 个元素中选出 $(n-m)$ 个元素的组合数是相等的．

由此，得到组合数的一种重要性质

$$C_n^m = C_n^{n-m}.$$

提示　为了使这个性质在 $n=m$ 时也成立，我们规定 $C_n^0 = 1$.

例题解析

例 1　计算：

(1) C_{60}^{57}；(2) C_{200}^{198}.

解　(1) $C_{60}^{57} = C_{60}^3 = \dfrac{60 \times 59 \times 58}{3 \times 2 \times 1} = 34\ 220.$

(2) $C_{200}^{198}=C_{200}^2=\dfrac{200\times199}{2\times1}=19\ 900.$

例2   若 $C_n^{10}=C_n^8$，求 C_{19}^n 的值.

解   由性质 $C_n^m=C_n^{n-m}$ 得 $n=10+8=18$，则

$$C_{19}^n=C_{19}^{18}=C_{19}^1=19.$$

> **知识巩固 3**

1. 计算：

(1) C_{100}^{97}；(2) C_{30}^{27}.

2. 若 $C_n^5=C_n^7$，求 C_{13}^n 的值.

实 践 活 动

2026 年，第 23 届世界杯足球赛将由加拿大、墨西哥、美国三国联合举办. 这是世界杯第四次在北美洲举办，也是世界杯历史上第一次三国联合举办.

从 2026 年世界杯开始，世界杯参赛球队由 32 支球队增加至 48 支. 赛制是 48 支球队分为 12 个小组，每个小组 4 支球队，小组内进行单循环比赛（每队均与本组其他队赛一场），每组前两名和 8 个成绩最好的小组第三名晋级 32 强，晋级的 32 支球队再进行淘汰赛，最后决出冠亚军，并决出第三、第四名.

问：第 23 届世界杯足球赛总共将进行多少场比赛？

数学与生活

手机图案解锁功能安全吗？

现代智能手机通常提供图案解锁功能，用户可以在屏幕上连接至少 4 个点来创建一个独特的解锁图案（图 2-14）. 为了理解这种解锁方式的安全性，我们可以使用排列组合的方法来计算可能的解锁图案数量.

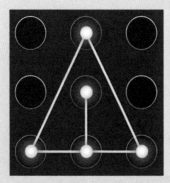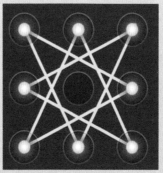

图 2-14

假设手机屏幕上有 9 个解锁点, 用户至少需要连接 4 个点来创建图案. 我们先考虑从 9 个点中选择 4 个点的组合情况. 这可以通过组合数 C_n^k 来计算, 其中 n 是总点数, k 是选择的点数, 则组合数为

$$C_9^4 = \frac{9!}{4! \times (9-4)!} = 126.$$

从 9 个点中选择 4 个点有 126 种不同的方式. 然而, 这仅仅是选择点的组合数, 还没有考虑到连接这些点的不同方式. 一旦我们选定了 4 个点, 就需要考虑它们的连接顺序. 如果没有其他限制条件, 4 个点各使用 1 次的连接方式有 $A_4^4 = 24$ 种, 那么任选 4 个点且不重复使用的连接方式的种数是

$$C_9^4 A_4^4 = 3\,024.$$

实际上, 4 个点是可以重复多次连接的, 计算将更为复杂. 如果我们进一步考虑选择 5 个点、6 个点或更多点来创建图案, 那么可能的组合数将远远超过从 9 个点中选择 4 个点连接的组合数.

有计算表明, 9 个解锁点的手机解锁图案数量超过 38 万种, 有些手机软件为加强安全性, 还设置了 16 个解锁点的图案锁. 这确保了用户可以设置的解锁图案的多样性, 大大提高了手机的安全性. 需要注意的是, 随着技术的发展和黑客手段的增加, 我们不能仅依赖图案解锁功能保护手机的安全, 应结合其他安全措施, 如密码、指纹或面部识别, 来增强手机的安全性.

拓展内容

2.4   二项式定理

实例考察

我们知道

$$(a+b)^1=a+b,$$

$$(a+b)^2=a^2+2ab+b^2.$$

通过计算可得到

$$(a+b)^3=a^3+3a^2b+3ab^2+b^3.$$

那么，$(a+b)^4$ 展开后的各项又是什么呢？

$(a+b)^4$ 表示 4 个 $a+b$ 连乘，其展开式的各项是从每个 $a+b$ 里任取一个字母的乘积，因而各项都是 4 次式，即展开式应有下面形式的各项：

$$a^4, \ a^3b, \ a^2b^2, \ ab^3, \ b^4.$$

现在来看一看上面各项在展开式中出现的个数，也就是展开式各项的系数.

在上面 4 个括号中：

每个都不取 b 的情况有 1 种，即 C_4^0 种，所以 a^4 的系数是 C_4^0；

恰有 1 个取 b 的情况有 C_4^1 种，所以 a^3b 的系数是 C_4^1；

恰有 2 个取 b 的情况有 C_4^2 种，所以 a^2b^2 的系数是 C_4^2；

恰有 3 个取 b 的情况有 C_4^3 种，所以 ab^3 的系数是 C_4^3；

4 个都取 b 的情况有 C_4^4 种，所以 b^4 的系数是 C_4^4.

因此

$$(a+b)^4=C_4^0a^4+C_4^1a^3b+C_4^2a^2b^2+C_4^3ab^3+C_4^4b^4.$$

一般地，对于任意正整数 n，有下面的公式

$$(a+b)^n=C_n^0a^n+C_n^1a^{n-1}b+\cdots+C_n^ra^{n-r}b^r+\cdots+C_n^nb^n \ (n\in\mathbf{N}^*).$$

这个公式称为**二项式定理**，右边的多项式叫做 $(a+b)^n$ 的**二项**

展开式，它一共有 $(n+1)$ 项，其中各项的系数 C_n^r（$r=0$，1，2，$\cdots$，n）叫做二项式系数，式中的 $C_n^r a^{n-r} b^r$ 叫做二项展开式的通项，用 T_{r+1} 表示，T_{r+1} 表示的是二项展开式的第 $(r+1)$ 项，我们将

$$T_{r+1}=C_n^r a^{n-r} b^r$$

叫做二项展开式的通项公式，其中 C_n^r 为第 $(r+1)$ 项的二项式系数. 它在研究二项式过程中有极其重要的作用.

在二项式定理中，如果设 $a=1$，$b=x$，则得到公式

$$(1+x)^n=C_n^0+C_n^1 x+\cdots+C_n^r x^r+\cdots+C_n^n x^n.$$

例题解析

例1 求 $(1-2x)^4$ 的展开式.

解 $(1-2x)^4=C_4^0\times 1^4\times(-2x)^0+C_4^1\times 1^3\times(-2x)^1+$

$$C_4^2\times 1^2\times(-2x)^2+C_4^3\times 1^1\times(-2x)^3+$$

$$C_4^4\times 1^0\times(-2x)^4$$

$$=1-8x+24x^2-32x^3+16x^4.$$

例2 求 $\left(\dfrac{\sqrt{x}}{3}-\dfrac{3}{\sqrt{x}}\right)^{12}$ 的展开式的中间一项.

解 由于二项式的指数 $n=12$，因此，$\left(\dfrac{\sqrt{x}}{3}-\dfrac{3}{\sqrt{x}}\right)^{12}$ 的展开式共 13 项，中间一项为第 7 项，即

$$T_7=C_{12}^6\left(\dfrac{\sqrt{x}}{3}\right)^6\left(-\dfrac{3}{\sqrt{x}}\right)^6=C_{12}^6=924.$$

例3 求 $(1+2x)^7$ 展开式的第 4 项系数及第 4 项的二项式系数.

解 $(1+2x)^7$ 展开式的第 4 项是

$$T_4=C_7^3\cdot 1^{7-3}\cdot(2x)^3$$

$$=C_7^3\cdot 2^3\cdot x^3$$

$$=280x^3.$$

所以，展开式第 4 项的系数是 280，第 4 项的二项式系数是 $C_7^3=35$.

注：二项展开式中第 $r+1$ 项的系数与第 $r+1$ 项的二项式系数

C_n^r 是两个不同的概念，一定要区分清楚. $(1+2x)^7$ 展开式第 4 项 $T_4=C_7^3 \cdot 1^{7-3} \cdot (2x)^3$ 的二项式系数是 $C_7^3=35$；而第 4 项系数是指 x^3 的系数，是 $8C_7^3=280$.

例 4 求 $(x-\sqrt{3})^{10}$ 的展开式中 x^6 的系数.

解 $(x-\sqrt{3})^{10}$ 展开式的通项是

$$T_{r+1}=C_{10}^r x^{10-r} \cdot (-\sqrt{3})^r.$$

根据题意，令 $10-r=6$，得 $r=4$.

因此，x^6 的系数是

$$C_{10}^4 \cdot (-\sqrt{3})^4=210\times 9=1\,890.$$

例 5 求 $\left(\sqrt{x}-\dfrac{1}{\sqrt{x}}\right)^8$ 的展开式的常数项.

解 $\left(\sqrt{x}-\dfrac{1}{\sqrt{x}}\right)^8$ 展开式的通项是

$$T_{r+1}=C_8^r (\sqrt{x})^{8-r} \cdot \left(-\frac{1}{\sqrt{x}}\right)^r = (-1)^r C_8^r (\sqrt{x})^{8-2r}.$$

根据题意，令 $8-2r=0$，得 $r=4$.

因此，常数项是

$$(-1)^4 C_8^4=70.$$

知识巩固

1. 求 $(p+q)^6$ 和 $(p-2q)^5$ 的展开式.

2. 求 $(2a+b)^7$ 的展开式的第 5 项.

3. 求 $(x-\sqrt{2})^8$ 的展开式中 x^5 的系数.

4. 求 $\left(2\sqrt{x}-\dfrac{1}{\sqrt{x}}\right)^8$ 的展开式的常数项.

本章小结

　　在本章中，我们学习了排列组合的概念和计算公式. 在实际应用中，排列和组合经常用于解决各种问题，如计算比赛中的对局可能性、设计实验方案等. 通过学习本章的内容，同学们能够正确理解排列与组合的概念，并能够用所学到的内容来解决具体的问题.

　　排列与组合在下一章的概率与统计初步的学习中起着基础且关键的作用，为概率论提供了一种数学工具，用于计算可能结果的数量，从而帮助我们理解和计算事件发生的概率.

　　请根据本章所学内容，将知识框图补充完整.

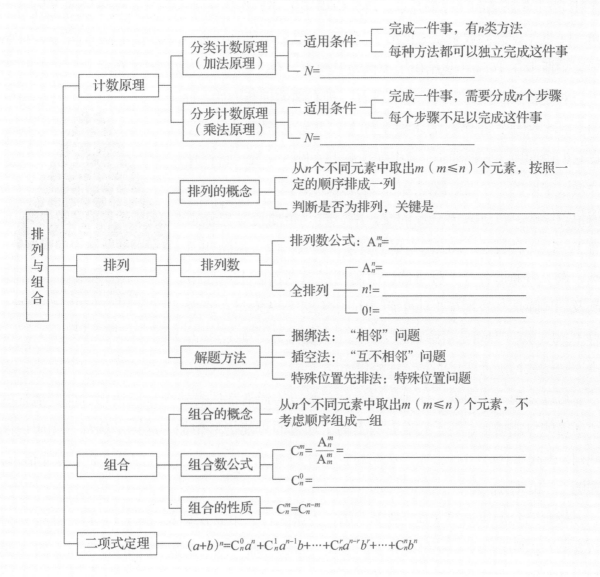

杨 辉 三 角

古代组合数学中一个知名的组合结构就是由二项式系数排列成的三角形，被称为杨辉三角.

北宋数学家贾宪于 1050 年左右在《释锁算书》中，首先使用贾宪三角进行高次开方运算，给出了六次幂的二项式系数图表，并将其称为"开方作法本源". 南宋数学家杨辉在其 1261 年所著的《详解九章算法》中引用了开方作法本源图，并流传至今被为杨辉三角. 14 世纪，元朝数学家朱世杰在《四元玉鉴》中将其扩充成"古法七乘方图". 法国数学家帕斯卡在 1654 年也给出了类似的三角形，在欧洲被称为帕斯卡三角形.

对于杨辉三角的构成，还可以有一种有趣的理解方式. 如图 2-15 所示，在倾斜的木板上钉上一些多边形的小木块，在它们中间留下一些通道. 若把弹珠从上方投入装置，它首先会通过中间的一个通道落到第二层的木块上. 弹珠受第二层通道位置影响，在进入第三层的左、中、右 3 个通道时，分别有 1，2，1 种可能. 第四层则更为复杂，因仅接收上层同侧弹珠，左、右通道各有 1 种可能，中间两通道则接收上一层中间及一侧弹珠，故均有 3 种可能. 因此，第四层从左至右通道有 1，3，3，1 种可能有弹珠进入. 这个装置展示了弹珠落点概率随层数增加而变化的复杂性与规律性.

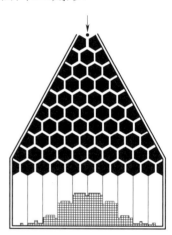

图 2-15

可以发现一个现象：任何一层的左右两边的通道都只有一个可能情形，而其他任一个通道的可能情形，等于它左右肩上两个通道的可能情形相加，这正是杨辉三角组成的规则. 因此第 $(n+1)$ 层通道从左到右，分别有 1，C_n^1，C_n^2，$\cdots$，C_n^{n-2}，1 个可能情形，如图 2-16 所示.

杨辉三角形第 n 层（顶层称第 0 层，为第 1 行，第 n 层即第 $(n+1)$ 行，此处 n 为包含 0 在内的自然数）正好对应于二项式 $(a+b)^n$ 展开式的系数. 例如第二层 1，2，1 是幂指数为 2 的二项式 $(a+b)^2$ 展开式的系数，同理第三层 1，3，3，1 是幂指数为 3 的二项式 $(a+b)^3$ 展开式的系数.

杨辉三角作为中国古代数学的杰出研究成果之一，它将二项式系数图形化，直观展

第1行　　　　　　　　　　　　1

第2行　　　　　　　　　　1　　　1

第3行　　　　　　　　1　　　2　　　1

第4行　　　　　　1　　　3　　　3　　　1

第5行　　　　1　　　4　　　6　　　4　　　1

第6行　　　1　　　5　　　10　　　10　　　5　　　1

第7行　　1　　　6　　　15　　　20　　　15　　　6　　　1

$\vdots$　　　　　　　　　　　　$\vdots$

第n行　　1　C_{n-1}^1　$\cdots$　C_{n-1}^{r-1}　C_{n-1}^r　$\cdots$　C_{n-1}^{n-2}　1

第（$n+1$）行　1　C_n^1　C_n^2　$\cdots$　C_n^r　$\cdots$　C_n^{n-2}　C_n^{n-1}　1

图 2 - 16

示了组合数的代数性质，体现了数与形的优美结合．在概率论中，杨辉三角可以用来计算独立事件的概率，是理解和分析随机现象的重要工具．

第 3 章

概率与统计初步

  假如班中有 40 名同学，至少有 2 人的生日是同一天的概率是多少呢？根据直觉，你可能觉得应该很少．但是通过概率计算，至少 2 人生日是同一天的概率接近 90%，这就是著名的生日悖论．那么，这个概率是怎么算出来的呢？学完本章介绍的概率知识，就可以解决上述问题了．

  在日常生活中，我们有时需要了解事物总体的某些特征值，就要对事物进行检验．但有些检验是破坏性的，比如试验灯泡的使用寿命，不可能对所有出厂的灯泡都测试一遍．还有的试验需要付出很多的人力和物力，如了解整个水库鱼的生长情况，不可能把全部鱼都捞上来观察．本章节学习的统计学知识，可以帮助我们解决上述问题．

学习目标

1. 随机事件及其概率：

(1) 通过日常生活中的实例，理解随机事件、不可能事件、必然事件的概念；

(2) 理解随机事件的频率与概率的概念；

(3) 理解概率的基本性质.

2. 掌握求等可能事件概率的一些常用方法，如排列、组合的方法及枚举法.

3. 理解互斥事件和对立事件的意义，理解互斥事件和互逆事件（或对立事件）的概率计算公式. 理解相互独立事件的概念，会计算相互独立事件同时发生的概率.

4. 理解总体、个体、样本、样本容量等概念的意义，结合实际问题，理解随机抽样的必要性和重要性，会用简单随机抽样方法从总体中抽取样本，收集样本数据，了解分层抽样和系统抽样方法.

5. 在样本数据整理中，会列频率分布表，会绘制频率和频数分布直方图，了解用样本的频率分布估计总体分布的思想方法.

6. 了解总体特征值的估计；会用平均数、方差（标准方差）估计总体的稳定程度.

*7. 了解一元线性回归分析及其应用.

知识回顾

1. 商场经常设置转盘抽奖活动，如图 3 - 1 所示，分区均匀的转盘每个扇区的圆心角都是一样的，那么，获得一、二、三等奖的概率分别是多少呢？

分析　用力转动转盘，转盘停止后，指针对准每个扇区的机会相等，只需计算各种奖项扇区数与总扇区数即可.

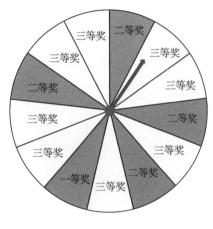

图 3-1

解　一共有 13 个大小相同的扇区，一等奖扇区数量只有 1 个，二等奖扇区 4 个，三等奖扇区 8 个. 所以获得一等奖的概率是 $\dfrac{1}{13}$，二等奖的概率是 $\dfrac{4}{13}$，三等奖的概率是 $\dfrac{8}{13}$.

2. 盒子里有 10 个除颜色外其他都相同的乒乓球，其中有 4 个黄球，6 个白球. 从盒子里摸出 1 个球，求事件"摸出 1 个黄球"和"摸出 1 个白球"分别发生的可能性.

分析　从盒子里摸出 1 个球的所有可能的结果有 10 个：4 个结果是"摸出黄球"，6 个结果是"摸出白球"，而且每个结果发生的可能性都相等.

解　因为所有可能的结果有 10 个，其中，出现"摸出黄球"的结果有 4 个，出现"摸出白球"的结果有 6 个. 所以，事件"摸出 1 个黄球"和"摸出 1 个白球"发生的概率分别是 $\dfrac{4}{10}$ 和 $\dfrac{6}{10}$，即分别为 $\dfrac{2}{5}$ 和 $\dfrac{3}{5}$.

3.1 随机事件及其概率

实例考察

下列事件是否一定会发生? 这些事件各有什么特点?

(1) 抛掷一枚骰子, 朝上面的点数小于或等于 6 点;

(2) 早晨太阳从东边升起;

(3) 从一副扑克牌 (54 张) 中抽一张, 抽出的是红桃;

(4) 同性电荷, 互相吸引;

(5) 买一张彩票, 没中奖;

(6) 随机抛掷一枚硬币, 是正面朝上.

3.1.1 随机事件和样本空间

根据生活常识, 我们知道: 上述事件 (1)(2) 一定会发生, 事件 (4) 不可能发生, 事件 (3)(5)(6) 可能发生也可能不发生.

在一定条件下必然要发生的事件, 称为**必然事件**.

在一定条件下不可能发生的事件, 称为**不可能事件**, 用 $\varnothing$ 表示.

因为必然事件和不可能事件都是结果明确可知的事件, 也称为**确定事件**.

在一定条件下, 可能发生也可能不发生的事件, 称为**随机事件**. 随机事件通常用大写字母 A, B, C, $\cdots$ 表示. 如果 A 表示某随机事件, 则可以记作 $A = \{$事件具体内容$\}$, 例如, 随机事件 $A = \{$某人射击一次, 中靶$\}$.

确定事件和随机事件统称为**事件**.

例题解析

例 下列事件中, 哪些是必然事件? 哪些是不可能事件? 哪些是随机事件?

（1）买一张电影票，座位号是偶数；

（2）一个人同时出现在北京和深圳；

（3）在标准大气压下，水加热到 100 ℃时会沸腾；

（4）买彩票，中了奖；

（5）守株待兔.

解 （3）是必然事件；（2）是不可能事件；（1）（4）（5）是随机事件.

在一定条件下，随机试验考察对象的每一个可能的基本结果称为样本点，所有样本点构成的集合称为**样本空间**，通常用 Ω（全集）来表示. 例如，抛一枚硬币观察朝上的结果，一共有 2 个样本点：正面，反面，样本空间 $\Omega=\{$正面，反面$\}$；抛一枚骰子，观察朝上面的点数，一共有 6 个样本点，分别是 1，2，3，4，5，6，样本空间 $\Omega=\{1，2，3，4，5，6\}$.

只包含一个样本点（元素）的事件称为**基本事件**，例如，抛硬币试验中"抛得正面朝上"和"抛得反面朝上"都只包含一个样本点，这两个事件都是基本事件；抛骰子试验中，"抛得 5 点"只包含 5 一个样本点，所以也是基本事件. **基本事件的总数就是样本空间中元素的个数.** 事件"抛得偶数点"包含 2，4，6 共 3 个样本点，所以不是基本事件，这种事件称为**复合事件**.

例题解析

例 1 先后抛掷出两枚硬币，观察其结果，写出样本空间和样本点的个数，并用集合表示出现正面的事件.

解 先后抛两枚硬币时，如第一个正面朝上，第二个反面朝上，可记作（正，反），所有可能出现的样本点有（正，反）、（反，正）、（正，正）、（反，反）共 4 个，所以其样本空间为

$$\Omega=\{（正，反），（反，正），（正，正），（反，反）\}.$$

出现正面的事件包含 3 个样本点，用集合 A 表示为

$$A=\{（正，反），（反，正），（正，正）\}.$$

例 2 一个箱子里有大小质地相同的 4 个球，其中 2 个是红球（标号为 1 和 2），2 个是黄球（标号 3 和 4），现从中不放回地依次

随机抽取两个球，设事件 $A=$ "第一次抽到红球"，$B=$ "两次抽到的球颜色相同"，$C=$ "两次抽到的球颜色不相同".

(1) 写出试验的样本空间和样本点的个数；

(2) 写出事件 A、事件 B、事件 C 和各自包含样本点的个数.

解 (1) 用数组 (x_1,x_2) 表示可能抽取到的结果的样本点，x_1 是第一次摸到的球的标号，x_2 是第二次摸到的球的标号，则试验的样本空间为

$$\Omega=\{(1,2),(1,3),(1,4),(2,1),(2,3),(2,4),$$
$$(3,1),(3,2),(3,4),(4,1),(4,2),(4,3)\}.$$

该样本空间中共有 12 个样本点，也可由排列数 $A_4^2=12$ 得到.

(2) 事件 $A=$ "第一次抽到红球"，即 $x_1=1$ 或 2，共包含 6 个样本点：

$$A=\{(1,2),(1,3),(1,4),(2,1),(2,3),(2,4)\}.$$

同理，事件 $B=$ "两次抽到的球颜色相同"，共包含 4 个样本点：

$$B=\{(1,2),(2,1),(3,4),(4,3)\}.$$

同理，事件 $C=$ "两次抽到的球颜色不相同"，共包含 8 个样本点：

$$C=\{(1,3),(1,4),(2,3),(2,4),(3,1),(3,2),$$
$$(4,1),(4,2)\}.$$

例 2 中的事件 A，B，C 都是由若干个样本点构成，是复合事件，它们都是样本空间 Ω 的子集.

知识巩固 1

1. 下列事件中，哪些是必然事件？哪些是不可能事件？哪些是随机事件？

(1) 抛掷质地均匀的硬币，正面朝下；

(2) 把实心铁球丢进水里，实心铁球会沉到水底；

(3) 没有空气和水，种子会发芽；

(4) 呼叫中心某个时间段内接到的电话呼叫次数是偶数；

(5) 玩射击游戏，中十环；

(6) 某个时间段，红绿灯路口正好经过 5 人.

2. 一场文艺晚会需要从甲、乙、丙、丁 4 人中选取 2 名主持人主持晚会（不分顺序），请问有几种不同的组合？请写出对应的样本空间，并写出必须有甲主持晚会的事件 A.

3. 观察猜拳比赛，选择合适的表示方法，写出所有可能的比赛结果的样本点（可以是和局）.

4. 箱子中有大小、质地都相同的红球、白球各 2 个，现从中有放回的先后随机抽取 2 个小球，观察抽出小球的颜色，写出样本空间，并计算样本点的个数.

3.1.2　概率的概念与性质

我们把对随机现象的一次观察称为一次**试验**. 随机事件在一次试验中可能发生，也可能不发生，具有**偶然性**. 但是在大量重复试验的情况下，它的发生又呈现一定的**规律性**.

要知道随机事件发生的可能性有多大，又呈现出怎样的规律，最直接的方法就是做试验. 一般地，在相同条件下做 n 次重复试验，把随机事件 A 出现的次数 m 称为**频数**，把比值$\frac{m}{n}$称为**频率**.

实例考察

观察下列随机事件的规律.

抛掷硬币　历史上曾有人做过抛掷硬币的大量重复试验，观察硬币落下后正面向上的规律（表 3-1）.

表 3-1　　　　抛掷硬币试验结果

试验者	掷硬币次数 n	出现正面的次数 m	频率 $\frac{m}{n}$
迪·摩根	2 048	1 061	0.518 1
布丰	4 040	2 048	0.506 9
费勒	10 000	4 979	0.497 9
皮尔逊	12 000	6 019	0.501 6
皮尔逊	24 000	12 012	0.500 5
罗曼诺夫斯基	80 640	40 173	0.498 2

质量抽查 对生产的某批乒乓球产品质量进行检查，观察优等品频率的规律（表 3-2）.

表 3-2 某批乒乓球产品质量检查结果

抽取球数 n	50	100	200	500	1 000	2 000
优等品数 m	45	92	194	470	954	1 902
优等品频率 $\frac{m}{n}$	0.9	0.92	0.97	0.94	0.954	0.951

观察表 3-1，我们看到当抛掷硬币的次数很多时，出现正面的频率 $\frac{m}{n}$ 的值在 0.5 附近摆动，也就是说，出现正面的频率值稳定在常数 0.5 上.

观察表 3-2，我们看到当抽查的球数很多时，抽到优等品的频率 $\frac{m}{n}$ 的值在 0.95 附近摆动，也就是说，抽到优等品的频率值稳定在常数 0.95 上.

由此，我们得到概率的概念：

对于给定的随机事件 A，如果随着试验次数的增加，事件 A 发生的频率 $\frac{m}{n}$ 稳定在某个常数上，我们就把这个常数称为事件 A 的**概率**，记作 $P(A)$.

实例考察中，抛掷一枚硬币，正面向上的概率是 0.5，即

$$P(\text{"正面向上"})=0.5.$$

实例考察中，某批乒乓球的优等品的概率为 0.95，即

$$P(\text{"抽到优等品"})=0.95.$$

频率和概率是两个不同的概念. 频率是指在多次重复试验中某事件发生的次数与试验次数的比值，而这个比值是随着试验次数的增加而不断变化的. 概率却是一个确定的数，因为事件发生的可能性大小是客观存在的. 在实际应用中，通常将试验次数最多时的频率值，作为概率的估计值.

由概率的定义，我们可以得到概率的基本性质：

性质 1   事件 A 的概率满足

$$0 \leqslant P(A) \leqslant 1.$$

性质 2   必然事件的概率为 1，即

$$P(\Omega) = 1.$$

不可能事件的概率为 0，即

$$P(\varnothing) = 0.$$

也就是说，任何事件的概率是区间 $[0，1]$ 上的一个数，它度量该事件发生的可能性. 在一次试验中，小概率（接近 0）事件很少发生，而大概率（接近 1）事件则经常发生. 例如，对每一个人来说，买一张彩票中特等奖的概率就是小概率事件，中纪念奖的概率则是较大的. 在生产生活中，知道随机事件的概率的大小，有利于我们作出正确的决策.

▶ **例题解析**

例   在相同条件下，对某种油菜籽进行发芽试验，结果见表 3-3.

表 3-3   **某油菜籽发芽试验结果**

每批试验粒数 n	2	5	70	130	700	1 500
发芽的粒数 m	2	4	60	116	639	1 339
发芽的频率 $\dfrac{m}{n}$						

(1) 计算表中油菜籽发芽的频率；

(2) 这批油菜籽中任一粒的发芽概率估计值是多少？

解   (1) 表中油菜籽的发芽频率分别为 1，0.8，0.857，0.892，0.913，0.893.

(2) 这批油菜籽中任一粒的发芽概率估计值是 0.9.

▶ **知识巩固 2**

1. 掷一枚硬币，连续出现 4 次正面向上，某同学认为出现正面

向上的概率一定大于出现反面向上的概率. 你认为他的观点正确吗? 为什么?

2. 某射击手在相同条件下进行射击, 结果见表 3-4.

表 3-4　　　　　　　　　**射击手射击信息**

射击次数 n	10	20	50	100	200	500
击中靶心的次数 m	8	19	44	92	178	455
击中靶心的频率 $\dfrac{m}{n}$						

(1) 计算表中击中靶心的频率;

(2) 这个射手射击一次, 击中靶心的概率估计值是多少?

实 践 活 动

我们来做抛硬币的试验, 观察硬币落下后, 哪一个面向上.

第一步, 全班同学分成若干个小组, 组内每个同学各取一枚相同的一元硬币, 做 10 次抛硬币的试验, 每人记录下试验结果, 填入表 3-5.

表 3-5　　　　　　　　　**同学抛硬币试验结果**

姓名	试验次数 n	正面向上的次数 m	正面向上的频率 $\dfrac{m}{n}$
	10		

第二步, 请小组长把统计本组同学的试验结果, 填入表 3-6.

表 3-6　　　　　　　　　**小组抛硬币试验结果**

组号	试验总次数 n	正面向上的总次数 m	正面向上的频率 $\dfrac{m}{n}$

第三步, 请数学课代表统计全班同学的试验结果, 填入表 3-7.

表 3-7   全班抛硬币试验结果

班级	试验总次数 n	正面向上的总次数 m	正面向上的频率 $\dfrac{m}{n}$

第四步，请同学们找出抛掷硬币时，事件"正面向上"发生的规律，并讨论把 1 枚硬币抛 100 次和把 100 枚硬币各抛 1 次的结果是否相同.

3.2　等可能事件的概率

实例考察

在下列试验中，结果的个数及每一个基本事件发生的可能性，有什么共同特征？

（1）掷一枚骰子，观察朝上一面的点数；

（2）有红桃 1，2，3 和黑桃 4，5 这 5 张扑克牌，从中任意抽取一张，观察抽到的是什么牌；

（3）一口袋中有红、黄、白 3 个颜色不同的球，其大小、质量完全相同，从中任取一个，观察取到的是什么球；

（4）同一副扑克牌中同一数字的 4 张牌反扣在桌面上，任意掀开一张，观察其花色.

由实例考察可以看出：

（1）试验 1 共有 6 种不同的结果，分别是 1 点，2 点，3 点，……，6 点，每一种结果的概率都是 $\frac{1}{6}$.

（2）试验 2 共有 5 种不同的结果，每一种结果的概率都是 $\frac{1}{5}$.

（3）试验 3 共有 3 种不同的结果，每一种结果的概率都是 $\frac{1}{3}$.

（4）试验 4 共有 4 种不同的结果，每一种结果的概率都是 $\frac{1}{4}$.

以上随机试验的结果都是只有有限个，且每一种结果发生的概率都相等. 像这样，如果随机试验具有下列两个特点：

（1）试验中所有可能出现的基本事件只有有限个；

（2）每个基本事件出现的可能性相等.

那么，我们把这一试验的概率模型称为**等可能概率模型**.

在等可能概率模型中，如果基本事件的总数为 n，那么任一基本事件 A_i（$i=1$，2，…，n）发生的概率为 $P(A_i)=\frac{1}{n}$，而包含

$m(m \leqslant n)$ 个基本事件的随机事件 A 的概率为

$$P(A) = \frac{m}{n} = \frac{\text{事件 } A \text{ 包含的基本事件数}}{\text{基本事件总数}}.$$

▶ 例题解析

例1 从一副有 52 张（去掉大小王）的扑克牌中，任意抽取一张，求：

（1）抽到数字为 6 的牌的概率；

（2）抽到花色为黑桃的牌的概率.

解 在一副有 52 张的扑克牌中，基本事件总数 n 为 52，数字为 6 的牌共 4 张，具有黑桃花色的牌有 13 张.

设"抽到数字为 6 的牌"为事件 A，其基本事件个数为 4，设"抽到颜色为黑桃的牌"为事件 B，其基本事件个数为 13，因此

$$P(A) = \frac{m_1}{n} = \frac{4}{52} = \frac{1}{13},$$

$$P(B) = \frac{m_2}{n} = \frac{13}{52} = \frac{1}{4}.$$

即抽到数字为 6 的牌的概率为 $\frac{1}{13}$；抽到颜色为黑桃的牌的概率 $\frac{1}{4}$.

例2 求抛掷一枚骰子出现的点数是 2 的倍数的概率.

解 设事件 $A_i = \{$抛掷一枚骰子出现 i 点$\}$，事件 $B = \{$抛掷一枚骰子出现的点数是 2 的倍数$\}$.

由于基本事件的全集含出现 1 点到 6 点 6 个基本事件，即 A_1，A_2，A_3，A_4，A_5，A_6，且它们出现的可能性相等，事件 B 包含 3 个基本事件，即 A_2，A_4，A_6. 所以

$$P(B) = \frac{m}{n} = \frac{3}{6} = \frac{1}{2}.$$

例3 由 1，2，3，4，5 这 5 个数字组成没有重复数字的三位数中，任意取出的一个三位数是奇数的概率是多少?

解 设事件 $A = \{$三位数是奇数$\}$.

由 1，2，3，4，5 这 5 个数字组成没有重复数字的三位数的个数是基本事件总数，即

$$n = A_5^3 = 60.$$

事件 A 包含基本事件的个数 $m = C_3^1 A_4^2 = 36$，所以

$$P(A) = \frac{m}{n} = \frac{36}{60} = 0.6.$$

即任意取出的一个三位数是奇数的概率是 0.6.

例4 在 100 件产品中有 3 件次品，从这批产品中随机地抽取 3 件，计算：

(1) 3 件全都是合格品的概率；

(2) 1 件次品，2 件合格品的概率.

解 从 100 件产品中任取 3 件的基本事件总数是

$$n = C_{100}^3.$$

(1) 设事件 $A = \{3$ 件都是合格品$\}$，因为在 100 件产品中有 97 件合格品，所以选取 3 件都是合格品的基本事件数是

$$m_A = C_{97}^3.$$

因此，有

$$P(A) = \frac{C_{97}^3}{C_{100}^3} \approx 0.911\,8.$$

(2) 设事件 $B = \{1$ 件是次品，2 件是合格品$\}$，则 B 包含的基本事件数是

$$m_B = C_3^1 C_{97}^2.$$

因此，有

$$P(A) = \frac{C_3^1 C_{97}^2}{C_{100}^3} \approx 0.086\,4.$$

知识巩固

1. 先后抛掷 2 枚均匀的硬币：

(1) 一共可能出现多少种不同的结果？

(2) 出现"1 枚正面，1 枚反面"的结果有多少种？

(3) 出现"1 枚正面，1 枚反面"的概率是多少？

(4) 有人说："一共可能出现'2 枚正面''2 枚反面''1 枚正面，1 枚反面'这 3 种结果，因此出现'1 枚正面，1 枚反面'的概

率是 $\frac{1}{3}$."这种说法对吗?

2. 在 10 件产品中,有 7 件正品、3 件次品,从中任取 3 件,求下列事件的概率:

(1)恰有 1 件次品;

(2)恰有 2 件次品;

(3)3 件都是正品;

(4)至少有 1 件次品.

3. 从 0,1,2,3,…,9 这十个数字中任取一个数字,求大于 2 的概率.

4. 盒中有大小相同的红、白、黄色球各 1 个,每次随机抽取 1 个,然后放回,这样抽取 3 次,求下列事件的概率:

(1)都是红球;

(2)颜色都相同;

(3)颜色都不同.

实 践 活 动

赌博是违法的. 设赌者往往将赌局包装得表面光鲜,吸引人们参与,实际则利用"隐藏"的苛刻规则赚取不义之财. 下面请你用数学知识揭开赌局的黑幕.

赌局是这样的:设赌者将 3 个白色和 3 个黑色棋子放在一个布袋里,又精心绘制了一张中彩表:凡愿摸彩者,每次交 3 元"手续费",可以一次从袋里摸 3 个棋子,中彩情况见表 3-8.

表 3-8 中彩表

摸到	彩金
3 个白色棋子	20 元
2 个白色棋子	2 元
1 个白色棋子	纪念品一份(价值 0.5 元)
其他	无任何奖品

如按摸 1 000 次统计，估计设赌者可净赚多少钱？某人参与一次此赌局，赚钱的可能性有多大？

数学与生活

即使不愿回答也能调查——概率论的应用

20 世纪以来，在物理学、生物学、工程技术、农业技术和军事技术发展的推动下，概率论飞速发展，理论课题不断扩大与深入，应用范围大大拓宽．最近几十年中，概率论的方法被用于各个工程技术学科和社会学科．目前，概率论在物理、自动控制、地震预报、气象预报、工厂产品质量控制、农业试验和公用事业等方面都得到了重要应用，还有越来越多的概率论方法被用于经济、金融和管理科学，成为这些学科的有力工具．概率论内容丰富、结论深刻，有实际意义重大的研究课题，有自己独特的概念和方法，已经成为近代数学一个有特色的分支．

下面举一个概率论在社会调查中应用的例子．某调查机构对某大型企业的年轻职工进行调查，统计在劳动合同期满后计划离职者的比例．很多人不愿意透露对这类问题的真实想法，为了得到正确的结论，调查者将问题进行了调整，将"劳动合同期满后，你是否会离职"定为问题 a，另设问题 b："你的年龄是否为奇数"．将 a，b 组成一组问题，让被调查者抛硬币决定回答问题 a 或问题 b，并且在问卷上不标示被调查者回答的是问题 a 还是问题 b．解除顾虑后，被调查者一般都会给出真实的想法．运用概率论方法，就可以从调查结果中得到调查者想知道的计划离职者的比例．假定有 3 000 人接受调查，结果有 812 人回答"是"．因为被调查者回答问题 a、问题 b 的概率各是 50%，所以将各有约 1 500 人回答 a 或 b 问题．又因为被调查者年龄是奇数的概率是 50%，所以 1 500 个回答 b 问题的人中，约有 750 人回答"是"．那么 812 个"是"的答案中减去这 750 个关于年龄的"是"，则约有 62 个"是"为关于离职问题的答案．于是，调查者就可以得到打算在劳动合同期满后离职者的比例约为 $\dfrac{62}{1\,500}$，即 4.13%．

3.3　事件的关系及其概率运算

实例考察

学校将学生的德育考试成绩分为 4 个等级：优、良、中、不合格．某班 45 名学生参加了德育考试，结果见表 3-9．

表 3-9　　　　　　　　德育考试结果

等级	分段	人数
优	85 分以上	9
良	75~84 分	20
中	60~74 分	15
不合格	60 分以下	1

（1）在某一学期结束时，某一名同学能否既得优又得良呢？

（2）如果从这个班任意抽取一名同学，那么这名同学的德育成绩为优或良的概率是多少？

3.3.1　互斥事件与互逆事件

将实例考察中德育考试成绩的等级为优、良、中、不合格的事件分别记为 A，B，C，D．在一学期结束时，同一名同学不可能既得优又得良，即事件 A 与 B 不可能同时发生．像这样，不可能同时发生的两个事件称为**互斥事件**．

对于上述事件 A，B，C，D，其中任意两个都是互斥事件．一般地，如果事件 A_1，A_2，A_3，$\cdots$，A_n 中的任意两个都是互斥事件，就说事件 A_1，A_2，A_3，$\cdots$，A_n 彼此互斥．

设 A 与 B 为互斥事件，$A \cup B$ 表示 A 发生或 B 发生．在实例考察关于德育考试成绩的问题中，$A \cup B$ 就表示事件"成绩的等级为优或良"，那么，事件 $A \cup B$ 发生的概率是多少呢？

从 45 人中任意抽取 1 人，有 45 种等可能的方法，而抽到优或良的可能结果有 (9+20) 个，从而事件 $A \cup B$ 发生的概率为

$$P(A \cup B) = \frac{9+20}{45}.$$

另一方面

$$P(A) = \frac{9}{45}, \quad P(B) = \frac{20}{45},$$

不难发现

$$P(A \cup B) = P(A) + P(B).$$

由以上分析得到：如果事件 A，B 互斥，那么事件 $A \cup B$ 发生的概率等于事件 A，B 分别发生的概率的和，即互斥事件的概率加法公式为

$$P(A \cup B) = P(A) + P(B).$$

如果将"德育成绩合格"记为事件 E，那么事件 E 与 D 不可能同时发生，但必有一个发生.

像这样，两个互斥事件必有一个发生，则称这两个事件为**互逆事件**（或对立事件）. 事件 A 的互逆事件记为 $\bar{A}$.

互逆事件 A 与 $\bar{A}$ 必有一个发生，故 $A \cup \bar{A}$ 是必然事件，从而

$$P(A) + P(\bar{A}) = P(A \cup \bar{A}) = 1.$$

由此，我们得到一个重要公式

$$P(\bar{A}) = 1 - P(A).$$

想一想

互逆事件与互斥事件的区别是什么？

例题解析

例1 从一堆产品（其中正品与次品都多于 2 个）中任取 2 件，判别下列每组事件是不是互斥事件. 如果是，再判别它们是不是互逆事件.

(1) 恰好有 1 件次品和恰好有 2 件次品；

(2) 至少有 1 件次品和全是次品；

(3) 至少有 1 件正品和至少有 1 件次品；

(4) 至少有 1 件次品和全是正品.

解 （1）事件"恰好有 1 件次品"与事件"恰好有 2 件次品"是互斥事件，但不是互逆事件．

（2）事件"至少有 1 件次品"与事件"全是次品"不是互斥事件．

（3）事件"至少有 1 件正品"与事件"至少有 1 件次品"不是互斥事件．

（4）事件"至少有 1 件次品"与事件"全是正品"是互斥事件，且是互逆事件．

例 2　某射击运动员射击 1 次，命中 8～10 环的概率见表 3 - 10．

表 3 - 10　　　　　　　　射击运动员射击命中概率

命中	10 环	9 环	8 环
概率	0.61	0.21	0.14

（1）求射击 1 次，至少命中 8 环的概率；

（2）求射击 1 次，命中不足 8 环的概率．

解　记"射击 1 次，命中 k 环"为事件 A_k （$k \in \mathbf{N}$，$k \leqslant 10$），则事件 A_k 两两互斥．

（1）记"射击 1 次，至少命中 8 环"为事件 A，则当 A_{10}，A_9，A_8 之一发生时，事件 A 发生．由互斥事件的概率加法公式，得

$$P(A) = P(A_{10} \cup A_9 \cup A_8)$$
$$= P(A_{10}) + P(A_9) + P(A_8)$$
$$= 0.61 + 0.21 + 0.14$$
$$= 0.96.$$

（2）事件"射击 1 次，命中不足 8 环"是事件"射击 1 次，至少命中 8 环"的互逆事件，即 $\overline{A}$ 表示事件"射击 1 次，命中不足 8 环"．根据互逆事件的概率公式，得

$$P(\overline{A}) = 1 - P(A) = 1 - 0.96 = 0.04.$$

即此人射击 1 次，命中不足 8 环的概率为 0.04．

知识巩固 1

1. 什么是互斥事件？什么是互逆事件？互逆事件一定是互斥事件吗？

2. 一个口袋内装有大小一样的 4 个白球与 4 个黑球，从中一次任意摸出 2 个球，记摸出 2 个白球为事件 A，摸出 1 个白球和 1 个黑球为事件 B. 事件 A 与 B 是否为互斥事件？是否为互逆事件？

3. 在某一时期内，一条河流某处的年最高水位在各个范围内的概率见表 3 – 11.

表 3 – 11 河流年最高水位概率

年最高水位	低于 10 m	10~12 m	12~14 m	14~16 m	不低于 16 m
概率	0.1	0.28	0.38	0.16	0.08

计算在同一时期内，河流该处的最高水位在下列范围内的概率：(1) 10~16 m；(2) 低于 12 m；(3) 不低于 14 m.

4. 甲、乙两射手在同样条件下击中目标的概率分别为 0.6 和 0.7，则"至少有一人击中目标的概率 $P = 0.6 + 0.7 = 1.3$"这句话是否正确？为什么？

3.3.2 独立事件及其同时发生的概率

分别抛出两枚硬币，将"抛出第一枚硬币，正面朝上"记为事件 A，"抛出第二枚硬币，正面朝上"记为事件 B，很明显，无论抛出的第一枚硬币是正面朝上还是反面朝上，对另一枚硬币正面朝上的概率没有影响. 这就是说，事件 A（或 B）是否发生对事件 B（或 A）发生的概率没有影响，这样的两个事件称为**相互独立事件**.

下面我们讨论事件"两枚硬币分别抛出，都是正面朝上"，它的发生就是事件 A，B 同时发生，我们将其记作 $A \cdot B$. 已知 A，B 是两个相互独立事件，那么 A，B 同时发生的概率 $P(A \cdot B)$ 如何计算呢?

抛出第一枚硬币有"正面朝上"和"反面朝上"2 种可能事件,抛出第二枚硬币也有"正面朝上"和"反面朝上"2 种可能事件,因此,两枚硬币各抛一次共有 2×2 种等可能事件,将其记为

(正反),(正正),(反正),(反反).

在上面 2×2 种等可能事件中,正面朝上的结果只有 1×1 种,因此,抛两枚硬币都是正面朝上的概率为

$$P(A \cdot B) = \frac{1 \times 1}{2 \times 2} = \frac{1}{4}.$$

根据 $P(A) = \frac{1}{2}$,$P(B) = \frac{1}{2}$,我们可以得出

$$P(A \cdot B) = P(A) \cdot P(B).$$

这就是说,**两个相互独立事件同时发生的概率,等于每个事件发生的概率的积.**

▶ **例题解析**

例 1 甲、乙两人同时向同一目标射击,甲击中目标的概率为 0.7,乙击中目标的概率为 0.6,两人都击中的概率是多少? 目标被击中的概率是多少?

解 记 A="甲击中",B="乙击中",因为两人射击的结果互不影响,A,B 相互独立,所以两人都击中的概率为

$$P(A \cdot B) = P(A) \cdot P(B) = 0.7 \times 0.6 = 0.42.$$

两人都未击中的概率为

$$P(\bar{A} \cdot \bar{B}) = P(\bar{A}) \cdot P(\bar{B}) = (1-0.7) \times (1-0.6) = 0.12.$$

两人都未击中与目标被击中是对立事件,所以目标被击中的概率为

$$1 - P(\bar{A} \cdot \bar{B}) = 1 - 0.12 = 0.88.$$

例 2 有一个装有 5 个红球和 5 个蓝球的袋子,连续抽取两次(放回),计算第一次抽到红球且第二次抽到蓝球的概率.

解 第一次抽到红球的概率为 $\frac{5}{10}$,第二次抽到蓝球的概率为

> **想一想**
>
> 例 1 中,某同学认为目标被击中的概率是 0.7+0.6=1.3>1,错在哪里?

$\dfrac{5}{10}$，两次抽取相互独立，所以第一次抽到红球且第二次抽到蓝球的概率为

$$\frac{5}{10}\times\frac{5}{10}=\frac{25}{100}=\frac{1}{4}.$$

例 3　投掷一枚质地均匀的正六面体骰子三次，计算至少一次得到 6 点的概率.

解　三次都不是 6 点的概率为

$$\frac{5}{6}\times\frac{5}{6}\times\frac{5}{6}=\frac{125}{216}.$$

"至少一次得到 6 点"和"三次都不是 6 点"是对立事件，所以"至少一次得到 6 点"的概率为

$$1-\frac{125}{216}=\frac{91}{216}.$$

知识巩固 2

1. 抛一枚骰子三次，求三次都是偶数的概率.

2. 甲、乙两人独立解决同一个数学问题，甲解出这个问题的概率是 0.8，乙解出这个问题的概率是 0.9，那么其中至少有 1 人解出这个问题的概率是多少?

3. 一位学生参加四门课程的考试，每门课程及格的概率分别为 0.9、0.8、0.7 和 0.6，计算这位学生所有课程都及格的概率.

4. 在一个有 10 个男孩和 10 个女孩的班级中，随机选取两名学生，计算这两名学生都是男孩的概率.

3.4　抽样方法

> ### 实例考察
>
> 　　如果难以逐一观察或试验每个考察对象，用什么方法才能得到相对准确的考察结果呢？
>
> 　　一批灯泡中，灯泡寿命低于 1 000 h 的为次品．要确定这批灯泡的次品率，最简单的办法就是把每一个灯泡都做寿命试验，然后用寿命不超过 1 000 h 的灯泡个数，除以该批灯泡的总个数．显然这样做是不现实的．我们只需从这批灯泡中抽取一部分灯泡做寿命试验并记录结果，根据这组数据计算出这部分灯泡的次品率，从而推断整批灯泡的次品率．
>
> 　　例如，从这批灯泡中任意抽取 10 个灯泡做寿命（单位：h）试验，结果为
>
> 　　1 203，980，1 120，903，1 010，995，1 530，990，1 002，1 340．
>
> 　　可以看出，其中有 4 个灯泡的寿命低于 1 000 h，从而可以粗略地推断出这批灯泡的次品率为 0.4．

3.4.1　总体与样本

　　像上面整批灯泡作为所考察对象的全体称为**总体**，总体中每一个考察的对象称为**个体**．

　　一般地，为了考察总体 ξ，从总体中抽取 n 个个体来进行试验或观察，这 n 个个体称为来自总体 ξ 的一个**样本**，n 为**样本容量**．

　　对来自总体的容量为 n 的一个样本进行一次观察，所得的一组数据 x_1，x_2，$\cdots$，x_n 称为**样本观察值**．

　　例如，要了解某技工学校二年级学生的视力状况，从这个学校全体二年级学生中抽取 200 名学生进行视力测试．这里，该学校二

年级全体学生的视力数据是总体，每一位学生的视力数据是个体，被抽取到的 200 名学生的视力数据是样本，样本容量是 200.

了解总体与样本的概念后，在实践中如何科学地进行抽样呢？

3.4.2 简单随机抽样

要使样本及样本观察值能很好地反映总体的特征，必须合理地抽取样本．例如，在实例考察中，有偏向地选择质量较好的灯泡作为样本或选择质量较差的灯泡作为样本，它们的观察值都不能正确地反映总体的情况．可见，样本中的每个个体必须从总体中随机地取出，不能加上人为的"偏向"．也就是必须满足下面两个条件：

第一，总体中的每个个体都有被抽到的可能；

第二，每个个体被抽到的机会都是相等的．

我们称这种抽样方法为**简单随机抽样**，用这种方法抽得的样本称为**简单随机样本**.

具体抽样方法有以下两种.

1. 抽签法

一般地，用抽签法从个体数为 N 的总体中抽取一个容量为 k 的样本的步骤为：

(1) 将总体中的 N 个个体编号；

(2) 将这 N 个号码写在形状、大小相同的号签上；

(3) 将号签放在同一箱中，并搅拌均匀；

(4) 从箱中每次抽出 1 个号签，连续抽取 k 次；

(5) 将总体中与抽到的号签编号一致的 k 个个体取出.

这样就得到一个容量为 k 的样本．对个体编号时，可以利用已有的编号，如从全班学生中抽取样本时，利用学生的学号作为编号；对某场电影的观众进行抽样调查时，利用观众的座位号作为编号等.

例如，为了考察 2402 班 40 名学生的数学成绩，从中抽取 10 名学生进行观察．使用抽签法的方法是：将 40 名学生从 1 到 40 进行编号，再制作 1 到 40 的 40 个号签，把 40 个号签集中在一起并充分搅匀，从中随机抽取 10 个号签. 对编号指向的学生考察数学成绩.

抽签法简单易行, 适用于总体中个体数不多的抽样情形.

2. 随机数表法

用抽签法抽取样本时, 编号的过程有时可以省略 (如用已有的编号), 但制签的过程难以省去, 而且制签也比较麻烦. 如何简化制签过程呢?

一个有效的办法是制作一个表, 其中的每个数都是用随机方法产生的 (称"随机数"), 这样的表称为随机数表, 我们只需按一定的规则到随机数表中选取号码. 这种抽样方法称为随机数表法.

例如, 前例中抽取 10 名学生的方法与步骤:

(1) 对 40 名学生按 01, 02, …, 40 编号.

(2) 在随机数表中随机地确定一个数, 如第 2 行第 3 列的数 27. 为了便于说明, 我们摘录随机数表的第 1 行到第 5 行 (图 3 - 2).

```
26 61 52 34 55    43 40 47 39 65    81 93 46 19 45    75 34 79 86 10    22 72 59
84 22 27 27 31    85 42 16 39 19    56 50 26 27 83    70 76 39 50 79    47 58 95
55 50 83 22 66    74 99 57 32 50    36 32 77 73 44    45 71  4 35 40     6 61 24
 3 62 11 84 51    74 64  5 50 11    66 80 54 95 62    14 83 58 51 22     5 30 51
23 73 71  5 16    58 66 67 51 92     3 49 89 41 64    69 66 67 21 18    10 85 19
```

图 3 - 2

(3) 从数字 27 开始向右读下去, 每次读一个两位数, 将不在 01 到 40 中的数跳过去不读, 遇到已经读过的数也跳过去, 便可依次得到

$$27, 31, 16, 39, 19, 26, 22, 32, 36, 4$$

这 10 个号码, 就是所要抽取的容量为 10 的样本.

给总体中的个体编号, 可以从 0 开始, 例如当 $N = 100$ 时, 编号可以是 00, 01, 02, …, 99. 这样, 总体中的所有个体均可用两位数字号码表示, 便于使用随机数表.

当随机地选定起始数字后, 读数的方向可以向左、右、上、下等任意方向.

用随机数表法抽取样本的步骤是:

(1) 将总体中的个体编号 (每个号码位数一致).

(2) 在随机数表中任选一个数作为开始.

（3）从选定的数开始按一定的方向读下去，若得到的号码在编号中，则取出；若得到的号码不在编号中或前面已经取出，则跳过，如此继续下去，直到取满为止.

（4）根据选定的号码抽取样本.

数学与生活

日常生活中的随机抽样方法

很多计算机或手机软件中都内置有生成随机数函数，我们可以利用这些函数或功能来进行随机抽样.

例如，要从 1，2，3，…，100 中随机出取一个数字，可以用 Excel 或 WPS 表格软件中随机函数 RANDBETWEEN(1，100)，如要抽取多个随机数，则可以多次使用该函数. 注意每一次编辑表格或重新打开表格，随机数都会变化（重新生成），如图 3-3 所示.

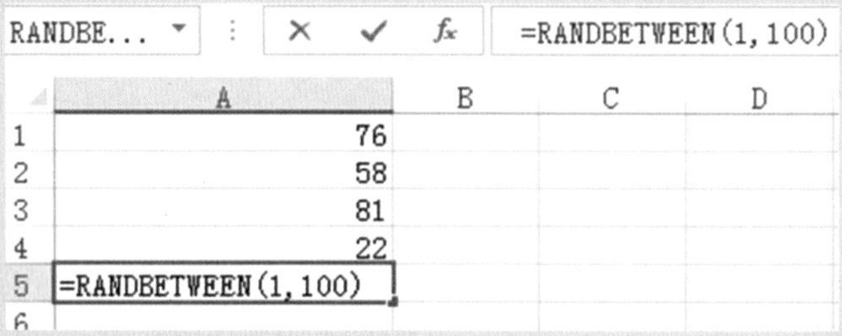

图 3-3

也可以用 RANDBETWEEN 生成随机数表，只需要在单元格中输入：＝RANDBETWEEN (1，100)，再向下拉动格子右下角的小方点即可，如图 3-4 所示，便生成了 10×10 随机数表.

	A	B	C	D	E	F	G	H	I	J
1	8	64	95	63	99	35	96	21	23	68
2	80	45	8	68	50	35	62	58	60	35
3	89	61	31	98	2	53	86	83	62	47
4	42	31	76	54	40	17	33	46	1	72
5	11	98	64	49	96	54	7	42	49	64
6	84	65	71	71	58	84	17	81	99	73
7	81	13	37	69	26	95	34	96	59	92
8	54	74	67	13	30	78	51	88	8	41
9	61	57	6	28	79	9	95	78	18	8
10	48	99	81	37	13	19	41	70	16	4

图 3-4

一般手机里的计算器（科学计算模式）也有随机函数 Rand，每按一次就生成一个 0～1 之间的随机数（图 3-5），将它根据需要缩放并取整，就可以得到一个指定范围内的随机数.

图 3-5

各种数学应用软件一般都内置有随机函数，需要的时候可以灵活调用. 请你试着完成以下试验：

1. 某班有 45 名同学，编号为 1～45，用 RANDBETWEEN 函数随机抽取 5 名同学.

2. 用 Excel 或 WPS 表格软件的随机函数生成一个 20×20 的随机数表，要求随机数范围是 1～1 000.

3.4.3　系统抽样

当总体与样本容量很大时，用简单随机抽样非常麻烦，例如，从 3 000 瓶矿泉水中抽出 100 瓶进行检测，通过编号一个个抽取非常费时，这时我们可以使用另一种抽样方法——系统抽样.

实例考察

某学校一年级新生共有 20 个班，每班有 50 名学生. 为了解新生的视力状况，从这 1 000 名学生中抽取一个容量为 100 的样本进行检查，应该怎样抽样？

通常先将各班学生平均分成 5 组，再在第一组（1～10 号学生）中用抽签法抽取一个，然后按照"逐次加 10（每组中个体数）"的规则分别确定学号为 11 到 20，21 到 30，31 到 40，41 到 50 的另外 4 组中的学生代表. 假如第一组中抽到 3 号，则抽到的班中学生编号分别为 3，13，23，33，43.

将总体平均分成几个部分，然后按照一定的规则，从每个部分中抽取一个个体作为样本，这样的抽样方法称为**系统抽样**.

系统抽样也称为等距抽样.

例题解析

例　某单位有在职职工 504 人，为了调查职工用于上班路途的时间，决定抽取 10% 的职工进行调查. 试采用系统抽样方法抽取所需的样本.

分析　因为 504 人不能被 50 整除，所以为了保证"等距"分段，应先剔除 4 人.

解　第一步，将 504 名职工用随机方式进行编号.

第二步，从总体中剔除 4 人（剔除方法可用随机数表法），将剩下的 500 名职工重新编号（分别为 000，001，…，499），并等距分成 50 段，段距为 10.

第三步，在第一段 000，001，…，009 这 10 个编号中用简单随机抽样确定起始号码 l.

第四步，将编号为 l，$l+10$，$l+20$，…，$l+490$ 的个体抽出，即组成了我们所需的样本.

例如，我们选择起始号码 $l=3$. 则抽出的个体编号为 3，13，23，…，493.

系统抽样方法在日常生活中经常会用到，例如，某班有 5 个组，每组人数相同，老师要随机抽取 5 名同学了解作业完成情况，可以请每组第 3 位同学交作业（3 是一个随机抽取的数字），这也可以看作是系统抽样的简化使用.

　　某电影院拟对某电影的观影情况做一个调查，如果采用重新编号抽样的方式，费时且影响观众观影. 可采用系统抽样方式抽取，请每排第 n 位观众填写调查表（n 为随机抽取的数字）.

　　某市由于交通拥堵严重，拟进行机动车单双号限行，即车辆车牌尾号为单号时单日上路行驶，双号时双日上路行驶，这也是采用了等距抽样的思想. 如果每天公布可行驶的车辆的具体车牌号将是一项非常艰巨且难以执行的工作.

　　前面提到的矿泉水瓶的抽样，可以从 100 箱中每箱抽取第 n 瓶（n 是随机抽取的数字）组成样本，也是系统抽样的一种方式.

3.4.4　分层抽样

实例考察

　　某学校一、二、三年级分别有学生 1 200 名、960 名、840 名，为了了解全校学生的视力情况，从中抽取容量为 100 的样本，怎样抽样较为合理？

　　由于不同年级的学生视力状况有一定的差异，不宜在 3 000 名学生中随机抽取 100 名学生，也不宜在三个年级中平均抽取. 为准确反映客观实际，不仅要使每个个体被抽到的机会相等，而且要注意总体中个体的层次性.

　　一个有效的办法是，使抽取的样本中各年级学生的占比与实际人数占总体人数的比例基本相同.

　　据此，应抽取一年级学生 $100 \times \dfrac{1\ 200}{3\ 000} = 40$（名），二年级学生 $100 \times \dfrac{960}{3\ 000} = 32$（名），三年级学生 $100 \times \dfrac{840}{3\ 000} = 28$（名）.

　　一般地，当总体由差异明显的几个部分组成时，为了使样本更客观地反映总体情况，我们常常将总体中的个体按不同的特点分成层次比较分明的几部分，然后按各部分在总体中的占比实施抽样，这种抽样方法称为**分层抽样**，所分成的各个部分称为"层".

分层抽样的步骤是：

(1) 将总体按一定标准分层；

(2) 计算各层的个体数与总体的个体数的比；

(3) 按各层个体数在总体个体数的占比确定各层应抽取的样本容量；

(4) 在每一层进行抽样（可用简单随机抽样或系统抽样）.

例题解析

例1　某学校一至三年级分别有学生 1 000 名、800 名、700 名，如表 3 - 12 所示，为了了解全校学生的视力情况，拟从中抽取容量为 100 的样本，应当怎样抽样较为合理？

表 3 - 12　　　　　　　　　某学校各年级人数

年级	一年级	二年级	三年级
人数	1 000	800	700

分析　总体由差异性比较明显的三个年级组成，所以采用分层抽样法比较合理.

解　采用分层抽样，其总体容量为 2 500.

抽取一年级学生

$$100 \times \frac{1\,000}{2\,500} = 40 \text{（名）.}$$

抽取二年级学生

$$100 \times \frac{800}{2\,500} = 32 \text{（名）.}$$

抽取三年级学生

$$100 \times \frac{700}{2\,500} = 28 \text{（名）.}$$

因此，采用分层抽样法从一至三年级中分别抽取 40 名、32 名、28 名学生. 在一年级、二年级、三年级内部抽取时可采用系统抽样法抽取.

例 2 下列问题,分别采用怎样的抽样方法较为合理?

(1) 从 10 台冰箱中抽取 3 台进行质量检查.

(2) 某报告厅有 32 排座位,每排有 40 个座位,座位号为 1～40. 有一次报告会坐满了听众,报告会结束后为听取意见,需留下 32 名听众进行座谈.

(3) 某学校有 160 名教职工,其中教师 120 名、行政人员 16 名、后勤人员 24 名. 为了解教职工对学校在校务公开方面的意见,拟抽取一个容量为 20 的样本.

解 (1) 总体容量比较小,用抽签法或随机数表法都很方便.

(2) 总体容量比较大,用抽签法或随机数表法比较麻烦. 由于人员没有明显差异,且刚好 32 排,每排人数相同,可用系统抽样法.

(3) 由于学校各类人员对这一问题的看法可能差异较大,故应采用分层抽样法.

总体容量为 160,故抽取样本中教师人数应为 $20 \times \frac{120}{160} = 15$(名),行政人员人数应为 $20 \times \frac{16}{160} = 2$(名),后勤人员人数应为 $20 \times \frac{24}{160} = 3$(名).

由于教师人数较多,抽样可采取系统抽样,其他人数较少,可采用简单随机抽样法.

知识巩固

1. 从 100 件电子产品中抽取一个容量为 25 的样本进行检测,试用随机数表法抽取样本.

2. 要从 1 003 名学生中抽取一个容量为 20 的样本,试叙述系统抽样的步骤.

3. 某公司在甲、乙、丙、丁四个地区销售点的数量分别为 150 个、120 个、180 个、150 个,公司为了调查产品销售情况,需从这

600 个销售点中抽取一个容量为 100 的样本，记这项调查为①；在丙地区中有 20 个特大型销售点，要从中抽取 7 个调查其销售收入和售后服务等情况，记这项调查为②. 完成①和②这两项调查采用的抽样方法依次是 （   ）.

    A. 分层抽样法，系统抽样法

    B. 分层抽样法，简单随机抽样法

    C. 系统抽样法，分层抽样法

    D. 简单随机抽样法，分层抽样法

4. 某单位由科技人员、行政人员和后勤职工 3 种不同类型的人员组成，现要抽取一个容量为 45 的样本进行调查. 已知科技人员共有 60 人，有 20 人抽入样本，且行政人员与后勤职工人数之比为 2：3. 此单位的总人数、行政人员、后勤职工人数分别为多少？

5. 某电视台在网上就观众对某一节目的喜爱程度进行调查，参加调查的总人数为 12 000 人，其中持各种态度的人数为：“很喜爱” 2 435 人，“喜爱” 4 567 人，“一般” 3 926 人，“不喜爱” 1 072 人. 电视台为进一步了解观众的具体想法和意见，打算从中抽取 60 人进行更为详细的调查，应怎样进行抽样？

3.5　总体分布的估计

3.5.1　频率分布表

实例考察

　　为了观察 7 月 25 日至 8 月 24 日北京地区的气温分布状况，可以对北京历年这段时间的日最高气温进行抽样，并对得到的数据进行分析. 随机抽取近年来北京地区 7 月 25 日至 8 月 24 日的日最高气温，得到表 3-13 中的两个样本.

表 3-13　　　　　　　　　**最高气温的样本**　　　　　　　　单位：℃

7月25日至	41.9	37.5	35.7	35.4	37.2	38.1	34.7	33.7	33.3
8月10日	32.5	34.6	33.0	30.8	31.0	28.6	31.5	28.8	
8月8日至	28.6	31.5	28.8	33.2	32.5	30.3	30.2	29.8	33.1
8月24日	32.8	29.4	25.6	24.7	30.0	30.1	29.5	30.3	

　　怎样通过以上表中的数据，分析比较两时间段内日最高气温不低于 33 ℃的状况呢？

　　以上两个样本中的不低于 33 ℃天气的频率用表 3-14 表示.

表 3-14　　　　　　　　　**高温天气的情况**

时间	总天数	≥33 ℃天气频数	频率
7月25日至8月10日	17	11	0.647
8月8日至8月24日	17	2	0.118

　　由表 3-14 可以发现，近年来，北京地区 7 月 25 日至 8 月 10 日出现日最高气温不低于 33 ℃天气的频率明显高于 8 月 8 日至 8 月 24 日的频率.

　　实例说明，当总体很大或不便于获得时，可以用样本的频率分布估计总体的频率分布. 我们把反映总体频率分布的表格称为**频率分布表**.

　　下面通过具体实例研究频率分布表的制作方法.

例题解析

例 一位植物学家想要研究某植物生长一年之后的高度，他随机抽取了 60 株此种植物，测得它们生长一年后的高度如表 3-15 所示. 试列出该样本的频率分布表.

表 3-15   高度样本   单位：cm

73	84	91	68	72	83	75	58	87	41
48	61	65	72	92	68	73	43	57	78
80	59	84	42	67	69	64	73	51	65
63	82	90	54	63	76	61	68	66	78
55	81	94	79	45	67	70	99	76	72
74	91	86	75	76	50	69	69	56	74

解 (1) 计算极差 R.

此组样本观察值的最大值是 99，最小值是 41，它们的差距是 $R=58$. 像这样，样本观察值的最大值和最小值的差称为**极差**.

(2) 确定组距与组数.

样本观察值个数是 60，可将样本分为 8～12 组，若分成 10 组，则

$$组距 = \frac{极差}{组数} = \frac{58}{10} = 5.8,$$

取整数，组距可定为 6 cm.

(3) 列频率分布表.

将第一组的起点定为 40.5，组距为 6，从第一组 $[40.5，46.5)$ 开始，分别统计各组中的频数，再计算各组的频率，并将结果填入表 3-16.

表 3-16   频率分布表

分组	频数	频率
$[40.5，46.5)$	4	0.067
$[46.5，52.5)$	3	0.050
$[52.5，58.5)$	5	0.083
$[58.5，64.5)$	6	0.100
$[64.5，70.5)$	12	0.200

续表

分组	频数	频率
[70.5, 76.5)	13	0.217
[76.5, 82.5)	6	0.100
[82.5, 88.5)	5	0.083
[88.5, 94.5)	5	0.083
[94.5, 100.5)	1	0.017
合计	60	1

一般地，编制频率分布表的步骤如下：

（1）计算极差，确定组数与组距，组距 $= \dfrac{极差}{组数}$，必要时取整.

（2）分组.

（3）登记频数，计算各组频率，列出频率分布表.

3.5.2 频率分布直方图

我们继续作出前面例题的频率分布直方图（图 3-6）.

（1）以横轴表示植物的高度，纵轴表示 $\dfrac{频率}{组距}$.

（2）在横轴上标出 40.5，46.5，52.5，…，100.5 的点.

（3）在上面标出的各点中，分别以连接相邻两点的线段为底作

矩形，高等于该组的 $\dfrac{频率}{组距}$.

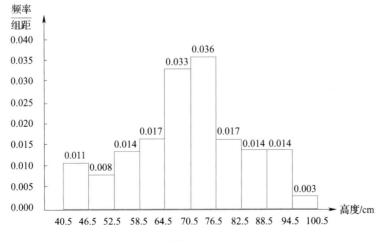

图 3-6

一般地，作频率直方图的方法是：把横轴分成若干段，每一段对应一个组距，然后以此线段为底作一个矩形，它的高等于该组的 $\dfrac{\text{频率}}{\text{组距}}$，这样得出一系列的矩形，每个矩形的面积恰好是该组的频率. 这些矩形就构成了频率分布直方图.

频率直方图比频率分布表更直观、形象地反映了样本的分布规律. 如图 3-6 所示直方图在 70.5 附近达到"峰值"，这说明产品的尺寸在 70.5 cm 附近较为集中. 另外还可以看出，产品尺寸特别大或特别小的都很少，相对"峰值"具有一定的对称性.

频率直方图中所有**矩形面积之和正好为 1**，根据需要，我们也可以使用**频数直方图**（图 3-7），频数分布直方图的纵坐标为频数，每一组矩形高度为该组频数，两种图形都可以清楚地看到数据分布的总体形态，频数分布直方图绘制难度相对较小.

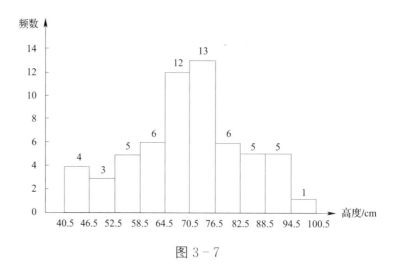

图 3-7

知识巩固

1. 编制频率分布表与作频率直方图的步骤分别是什么？

2. 从图样规定内径为 25.40 mm 的钢管的一个总体中任取 100 件，测得它们的实际尺寸如表 3-17 所示. 试作出该样本的频率分布表.

表 3－17　　　　　　　　　钢管实际尺寸样本　　　　　　单位：mm

25.39	25.36	25.34	25.42	25.45	25.38	25.39	25.42	25.47	25.35
25.41	25.43	25.44	25.48	25.45	25.43	25.46	25.40	25.51	25.45
25.40	25.39	25.41	25.36	25.38	25.31	25.56	25.43	25.40	25.38
25.37	25.44	25.33	25.46	25.40	25.49	25.34	25.42	25.50	25.37
25.35	25.32	25.45	25.40	25.27	25.43	25.54	25.39	25.45	25.43
25.40	25.43	25.44	25.41	25.53	25.37	25.38	25.24	25.44	25.40
25.36	25.42	25.39	25.46	25.38	25.35	25.31	25.34	25.40	25.36
25.41	25.32	25.38	25.42	25.40	25.33	25.37	25.41	25.49	25.35
25.47	25.34	25.30	25.39	25.36	25.46	25.29	25.40	25.37	25.33
25.40	25.35	25.41	25.37	25.47	25.39	25.42	25.47	25.38	25.39

3. 为了解试验田中麦穗内的小麦粒数，现随机从中抽取 50 株，小麦粒数的数据分组及频数为：$[25，30)$，1；$[30，35)$，4；$[35，40)$，10；$[40，45)$，13；$[45，50)$，11；$[50，55)$，9；$[55，60)$，2.

（1）列出样本的频率分布表；

（2）画出频率分布直方图或频数分布直方图.

3.6 总体特征值的估计

> **实例考察**
>
> 某鱼塘投放了1万条鱼,经一段时间的养殖后,为了了解鱼的生长情况,从中随机打捞出30条,重量(单位:g)如下:
>
> 742　726　681　724　652　710　720　705　696　683
>
> 678　724　735　680　661　665　681　708　724　724
>
> 736　653　714　678　735　722　669　723　697　744
>
> 这里的总体是"某鱼塘投放的1万条鱼",将1万条鱼全部打捞上来称重显然不太现实,上面抽到的30条鱼是总体的一个容量为30的样本.通常情况下,我们可以用样本的平均值作为鱼塘中所有鱼平均重量的估计值,实际上也可以用其他估计量来反映总体的数据特征.

在数学中,通常把能反映总体某种特征的量称为**总体特征值**.

怎样通过抽样的方法,用样本的特征值估计总体的特征值呢?

3.6.1 平均数及其估计

一般地,当样本容量为 n 时,设每次抽取的样本为 $(x_1, x_2, \cdots, x_n)$,**样本平均数**记为 $\bar{x}$,则

$$\bar{x} = \frac{1}{n}(x_1 + x_2 + \cdots + x_n) = \frac{1}{n}\sum_{i=1}^{n} x_i.$$

对于实例考察中的问题,我们可通过计算捞出的鱼的平均重量来反映鱼塘中鱼的总体情况,即

$$\bar{x} = \frac{1}{30} \times (742 + 726 + \cdots + 744) = 703.$$

例题解析

例 从甲、乙两个班级各抽 5 名学生测量身高（单位：cm），甲班数据为 160，162，159，160，159，乙班的数据为 180，160，150，150，160. 试比较两个班的平均身高.

解 $\overline{x}_{甲班} = \frac{1}{5} \times (160 + 162 + 159 + 160 + 159) = 160$ cm.

$\overline{x}_{乙班} = \frac{1}{5} \times (180 + 160 + 150 + 150 + 160) = 160$ cm.

$\overline{x}_{甲班} = \overline{x}_{乙班}$.

所以两个班的平均身高相等.

3.6.2　方差与标准差

我们也通过学生成绩的波动情况来反映学生成绩的总体情况，通常用**方差**来表示. 波动越大，方差越大，说明学生成绩参差不齐；波动越小，方差越小，说明学生整体成绩较好.

一般地，当样本容量为 n 时，设每次抽取的样本为 $(x_1, x_2, \cdots, x_n)$，样本平均数记为 $\overline{x}$，方差记为 s^2，则

$$s^2 = \frac{1}{n} [(x_1 - \overline{x})^2 + (x_2 - \overline{x})^2 + \cdots + (x_n - \overline{x})^2]$$

$$= \frac{1}{n} \sum_{i=1}^{n} (x_i - \overline{x})^2,$$

$$s = \sqrt{\frac{1}{n} \sum_{i=1}^{n} (x_i - \overline{x})^2}.$$

其中 s 为**样本标准差**.

如实例考察中鱼重量的方差为

$$s^2 = \frac{1}{30} \times [(742 - 703)^2 + (726 - 703)^2 + \cdots + (744 - 703)^2]$$

$$\approx 750.6.$$

例题解析

例 从甲、乙两名选手中选拔一人参加全国技能比赛，教练组整理了他们10次练习的成绩，见表3-18.比较两人成绩，然后决定选择其中一位参加比赛.

表 3-18　　　　　　　　　两人练习成绩　　　　　　　单位：分

甲	76	90	84	86	81	87	86	82	85	83
乙	86	84	85	89	79	84	91	89	79	74

解 首先比较甲、乙两人的平均成绩：

$$\bar{x}_{甲}=\frac{1}{10}\times(76+90+84+\cdots+83)=85,$$

$$\bar{x}_{乙}=\frac{1}{10}\times(86+84+85+\cdots+74)=85.$$

可以看出，甲、乙两人的平均成绩均为85分，不能区分好坏，再计算两人成绩的方差.

$$s_{甲}^{2}=\frac{1}{10}\times[(76-85)^{2}+(90-85)^{2}+\cdots+(83-85)^{2}]=3.63,$$

$$s_{乙}^{2}=\frac{1}{10}\times[(86-85)^{2}+(84-85)^{2}+\cdots+(74-85)^{2}]=5.04.$$

因为 $s_{甲}^{2}<s_{乙}^{2}$，所以甲的成绩波动较小，选甲参加比赛.

知识巩固

1. 什么是总体特征值？请写出3个常用的总体特征值.

2. 从1 000个零件中抽取10件，每件长度（单位：mm）如下：

　　　　22.36　22.35　22.33　22.35　22.37

　　　　22.34　22.38　22.36　22.32　22.35

（1）在这个问题中，总体、个体、样本和样本容量各指什么？

（2）计算样本平均数及样本方差（精确到0.01）.

3. 某学校对一年级男生身高情况进行调查，每个班级分别随机抽取10人，身高（单位：cm）如下：

甲班：176.7，177.0，164.9，167.4，172.9，169.4，165.5，173.2，168.8，173.1．

乙班：163.3，168.4，175.6，162.3，175.7，168.0，175.1，172.5，176.9，163.2．

哪个班平均身高较高？哪个班身高比较均匀？

4．有甲、乙两种钢筋，现从中各抽取一组样本检查它们的抗拉强度（单位：kg/mm^2），哪种钢筋的质量比较好？

甲：110，120，130，125，120，125，135，125，135，125．

乙：115，100，125，130，115，125，125，145，125，145．

拓展内容

3.7　一元线性回归

实例考察

某超市为了了解热茶销量与气温之间的相关关系，随机提取了一年内 6 天卖出热茶的杯数与当天气温的对照表（表 3-19）.

表 3-19　　　　　杯数与气温对照表

气温/℃	26	18	13	10	4	−1
杯数	20	24	34	38	50	64

如果某天的气温是 −5 ℃，那么你能根据这些数据预测这天卖出热茶的杯数吗？

在实际问题中，有联系的变量与变量之间的关系常见的有两类：一类是确定性的函数关系. 例如，圆的面积与半径之间的关系就是确定性函数关系，可以用 $S = \pi r^2$ 表示. 另一类是变量间有一定的关系，但又不能准确用函数关系来表达. 例如，人的身高并不能确定体重，但一般来说"身高者，体也重". 我们说身高与体重这两个变量具有相关关系.

用怎样的数学模型刻画两个变量之间的相关关系呢？

通常把研究两个变量的相关关系称为**一元回归分析**. 这里我们只研究一元线性回归分析.

我们以具体的例子来说明一元线性回归方程的建立.

在某种产品表面进行腐蚀刻线试验，腐蚀深度 y（单位：μm）与腐蚀时间 x（单位：s）之间相应的一组观察值见表 3-20.

表 3-20　　　　　腐蚀深度与腐蚀时间的观察值

x/s	5	10	15	20	30	40	50	60	70	90	120
y/μm	6	10	10	13	16	17	19	23	25	29	46

　　由表 3 - 20 中的数据可以看出，y 有随 x 增加而增加的趋势，它们之间的这种关系无法用函数式准确表达，是一种相关关系. 为了探求两者之间的定量关系，我们以腐蚀时间 x 的取值作横坐标，以 y 的相应取值作纵坐标，在直角坐标系中描点 $(x_i,\ y_i)$ $(i=1,$ $2,\ \cdots,\ 11)$，如图 3 - 8 所示. 这样的图叫散点图，其中自变量 x 为离散型变量.

　　由图 3 - 8 可见，所有散点都分布在图中画出的一条直线附近，显然这样的直线还可以画出许多条，而我们希望找出其中的一条，它能最近似地反映 x 与 y 之间的关系. 记此直线方程为

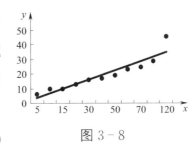

图 3 - 8

$$\hat{y}=a+bx. \qquad ①$$

　　这里 y 上方的符号"^"，是为了区分实际值 y，当 x 取值 x_i $(i=1,\ 2,\ 3,\ \cdots,\ 11)$ 时，通过观测得到 y 的数据 y_i 称为观测值，通过方程得到的 $\hat{y}_i$ 称为预测值.

　　①式称为 y 对 x 的**一元线性回归方程**，a，b 称为**回归系数**. 要确定回归直线方程①，只要确定回归系数 a，b.

　　下面我们来研究回归直线方程的求法，设 x，y 的一组观察值为

$$(x_i,\ y_i),\ i=1,\ 2,\ \cdots,\ n,$$

且回归直线方程为

$$\hat{y}=a+bx.$$

　　当 x 取值 x_i $(i=1,\ 2,\ \cdots,\ n)$ 时，y 的观测值分别为 y_i，对应回归直线上的 $\hat{y}_i$，取 $\hat{y}_i=a+bx_i$，差 $y_i-\hat{y}_i$ 刻画了实际观测值 y_i 与回归直线上相应纵坐标 $\hat{y}_i$ 之间的偏离程度. 我们希望 y_i 与 $\hat{y}_i$ 的 n 个偏差构成的总偏差越小越好，这才说明所找的直线是最好的. 显然，这个总偏差不能用 n 个偏差之和 $\sum\limits_{i=1}^{n}(y_i-\hat{y}_i)$ 来表示，通常是用偏差的平方和，即

$$Q=\sum_{i=1}^{n}\left(y_i-a-bx_i\right)^2. \qquad ②$$

作为总偏差，应使之达到最小．这样，回归直线就是所有直线中 Q 取最小值的那一条．由于平方又叫二乘法，所以这种使"偏差平方和为最小"的方法，叫做**最小二乘法**．

如何得到偏差平方和为"最小"呢？我们可通过对式②进行复杂的初等变换，得到偏差平方和最小的一元线性回归方程和回归系数，即

$$\begin{cases} \hat{b} = \dfrac{\sum\limits_{i=1}^{n} x_i y_i - n\bar{x}\,\bar{y}}{\sum\limits_{i=1}^{n} x_i^2 - n\bar{x}^2}, \\[2em] \hat{a} = \bar{y} - \hat{b}\bar{x}. \end{cases} \qquad ③$$

其中 a，b 的上方加"⌃"，表示是由观测值按最小二乘法求得的估计值．$\hat{a}$，$\hat{b}$ 求出后，回归直线方程就建立起来了．

下面利用式③来求上例中腐蚀深度 y 对腐蚀时间 x 的回归直线方程，见表 3-21．

表 3-21　　　　　　　　回归系数的计算表

序号	x_i	y_i	x_i^2	y_i^2	$x_i y_i$
1	5	6	25	36	30
2	10	10	100	100	100
3	15	10	225	100	150
4	20	13	400	169	260
5	30	16	900	256	480
6	40	17	1 600	389	680
7	50	19	2 500	361	950
8	60	23	3 600	529	1 380
9	70	25	1 900	625	1 750
10	90	29	8 400	841	2 610
11	120	46	14 400	2 116	5 520
$\sum$	510	214	36 750	5 422	13 910

由上表算得 $\bar{x}=\dfrac{510}{11}$，$\bar{y}=\dfrac{214}{11}$. 代入前面的式③得

$$\hat{b}=\dfrac{13\,910-11\times\dfrac{510}{11}\times\dfrac{214}{11}}{36\,750-11\times\left(\dfrac{510}{11}\right)^2}\approx0.304\,34,$$

$$\hat{a}=\dfrac{214}{11}-0.304\,34\times\dfrac{510}{11}\approx5.344.$$

提示　不必把 $\bar{x}$，$\bar{y}$ 化为小数，以减小误差.

得到腐蚀深度 y 对腐蚀时间 x 的回归直线方程为

$$\hat{y}=5.344+0.304x.$$

这里的回归系数 $b=0.304$，它的意义是：腐蚀时间 x 每增加一个单位，深度 y 平均增加 0.304 个单位.

例题解析

例　用一元线性回归模型来解决实例考察中提出的问题.

解　设 x 表示气温，y 表示销量，x_i，$y_i\,(i=1,\,2,\,\cdots,\,6)$ 表示 x，y 的实际观察值，y 与 x 线性相关，设回归直线方程为

$$\hat{y}=a+bx.$$

计算可得

$$\bar{x}=\dfrac{\sum x_i}{6}=\dfrac{26+18+13+10+4+(-1)}{6}=\dfrac{35}{3},$$

$$\bar{y}=\dfrac{\sum y_i}{6}=\dfrac{20+24+34+38+50+64}{6}=\dfrac{115}{3},$$

$$\sum x_i^2=26^2+18^2+13^2+10^2+4^2+(-1)^2=1\,286,$$

$$\sum x_iy_i=26\times20+18\times24+13\times34+10\times38+4\times50+(-1)\times64$$
$$=1\,910.$$

代入本节的式③，得

$$\hat{b}=\dfrac{1\,910-6\times\dfrac{35}{3}\times\dfrac{115}{3}}{1\,286-6\times\left(\dfrac{35}{3}\right)^2}\approx-1.647\,7,$$

$$\hat{a}=\frac{115}{3}-(-1.647\ 7)\times\frac{35}{3}=57.556\ 5.$$

因此，一元线性回归方程为 $\hat{y}=57.556\ 5-1.647\ 7x.$

由一元线性回归方程得，当 $x=-5$ 时，

$$\hat{y}=57.556\ 5-1.647\ 7\times(-5)=65.795,$$

即当气温为 $-5\ ℃$ 时，热茶的销量约为 66 杯。

知识巩固

1. 某公司记录了其员工工作年限（单位：年）与年薪（单位：万元）之间的关系，见表 3 – 22.

表 3 – 22   员工工作年限与年薪

工作年限/年	1	3	5	7
年薪/万元	5	8	11	14

（1）根据样本数据，求一元线性回归方程；

（2）预测工作年限为 6 年的员工的年薪。

2. 某公司记录了其广告投放费用（单位：万元）与销售额（单位：万元）之间的关系，见表 3 – 23.

表 3 – 23   某公司广告投放费用与销售额

广告投放费用/万元	10	15	20	25
销售额/万元	20	28	35	42

（1）根据样本数据，求一元线性回归方程；

（2）预测广告投放费用为 30 万元时的销售额。

本章小结

在本章，我们学习了概率与统计的基础知识. 通过理解随机事件与样本空间的概念，能够更好地描述和分析现实世界中的不确定性. 明确了必然事件与不可能事件的定义，这两类事件与随机事件相对立，为我们提供了概率论的边界条件. 频率与概率是描述事件发生可能性的两种不同方式，频率是基于实际观测次数，而概率则是理论上的可能性. 我们学习了在等可能条件下的概率计算，以及互斥事件、互逆事件、独立事件的有关概率公式.

我们还学习了简单随机抽样、系统抽样和分层抽样三种方法，这些方法帮助我们从总体中抽取具有代表性的样本. 通过样本分析，可以了解样本的特征，进而推断总体的分布和特征，从而更好地利用有限的数据来揭示总体的规律. 这些知识和技能为我们后续学习和解决实际问题提供了支持. 让我们能够更好地分析和解决现实世界中的不确定性问题.

请根据本章所学知识，将知识框图补充完整.

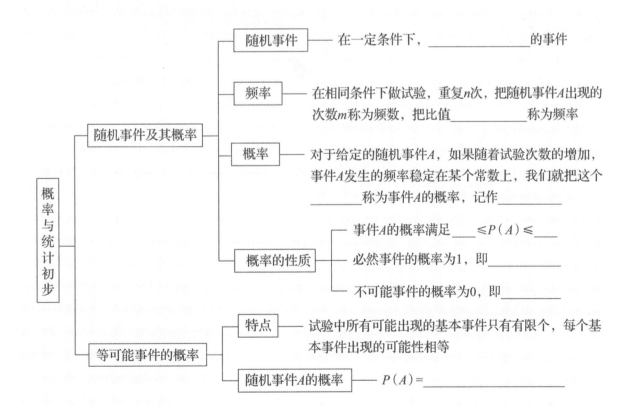

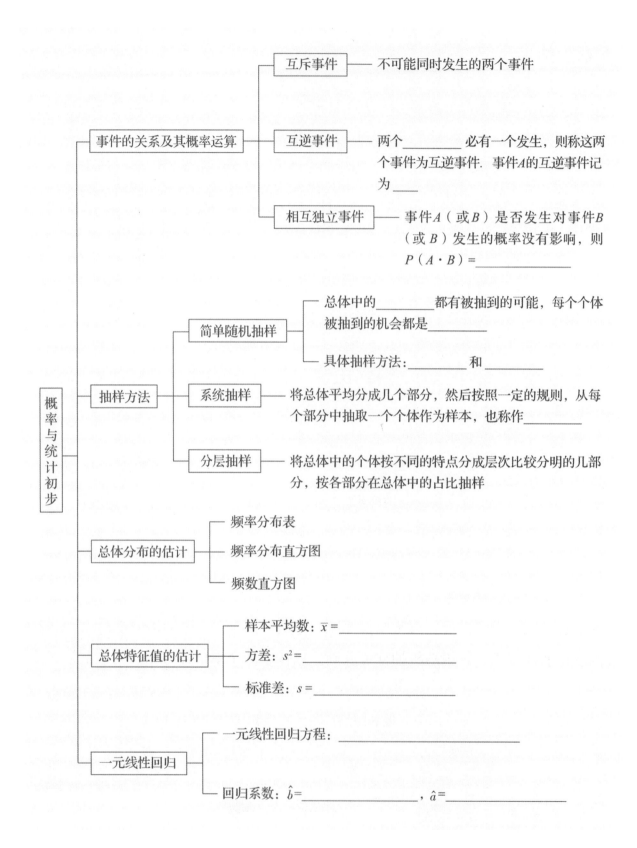

人 口 统 计

人口统计学是反映人口现象的状态、变动过程及其与社会经济发展的数量关系的学科. 它通过数据表现人口现象的本质、规律和发展趋势，人口数量、素质结构和增长水平在经济社会统计中具有十分重要的研究价值. 人口统计的历史几乎和统计的历史一样悠久，最早的人口统计出现在 5 000 多年前，当时的古罗马、古埃及都曾做过人口统计. 中国是世界上最早进行人口统计的国家之一，在公元前 22 世纪就有人口 1 355 万人的记载，大禹完成了"平水土，分九州，数万民"三件大事，其中"数万民"就是人口统计.

我国现在的人口统计主要通过三种方式进行：一是人口普查，普查每十年进行一次，采取上门登记的方式进行，对地区内所有居民进行全面详细地登记，收集人口数量、性别、年龄、职业、教育水平、家庭结构等信息，通常在年份尾数为"0"的时候进行. 1953 年我国开展了第一次现代人口普查，以后又分别在 1964 年、1982 年、1990 年、2000 年、2010 年开展了 5 次人口普查. 2020 年我国开展了第七次全国人口普查，通过这次世界上规模最大的人口普查全面查清了我国人口总量、结构、分布等情况.

二是人口抽样调查，抽样覆盖全国 1% 的人口，在年份尾数为"5"的年份进行. 这种方法成本较低，但需要科学的抽样方法和统计分析来确保结果的准确性. 抽样调查有多种抽样方式，其中随机抽样可以确保总体中每个单位都有相同的被抽取机会，以提高样本的代表性，而当总体内各单位在某些特征上差异较大时选择分层抽样，将总体按类型分层，然后在每层中随机抽取样本，以提高抽样效率.

三是人口变动情况抽样调查，该调查建立了一个持续跟踪调查的样本群体，覆盖全国 1‰ 的人口，并定期收集数据，从而能够观察人口变化的动态过程. 这种方法成本可能较高，但可以提供实时或近实时的数据. 在除尾数为"0"和"5"的年份，调查每年都会进行一次，通过对具有代表性的社区进行长时间跟踪调查，就能估算出总体的流动人口数量.

人口统计所获得的相关数据中有大量值得挖掘的信息，通过计算均值、中位数、众数等指标就可以描述人口数据集中的特征；部分数据加以处理则可以得到人口自然增长率、性别比例、人口迁移率等重要社会发展指标；基于统计的人口数据和趋势，还可以建立人口预测统计模型，预测未来的人口数量和结构.

人口统计是揭示人口现象、数量特征和内在规律的重要科学手段，为完善我国人口发展战略和政策体系、制定经济社会发展规划、推动经济高质量发展提供了准确统计信息支持.数学模型和统计推断则在此过程中发挥着核心作用，它们帮助我们预测人口发展趋势，评估不同政策的潜在影响，从而实现社会资源的最优配置.

第4章

数据表格信息处理

在现代社会中，数据已成为政府、企业及个人决策的重要依据．数据表格作为数据存储、展示和分析的主要形式，在各个领域发挥着举足轻重的作用．数据表格信息处理能力已成为现代职场人士必备的技能之一．

本章将介绍数据表格信息处理的基本概念、运算法则、相关图示等，旨在帮助同学们提高数据表格信息处理的能力．通过本章的学习，将了解如何高效地收集、加工、分析和呈现数据．

学习目标

1. 理解数据表格和数组的概念，会根据提供的数据制作数据表格，会正确表达数据表格中的数组.

2. 掌握数字数组的运算法则，会进行数字数组的加法、减法、数乘运算，会求数字数组的内积，会根据数据表格的要求进行相关的数组运算.

3. 认识数据的图示作用，掌握制作饼图、直方图、折线图的方法和步骤，能根据图示对数据所反映的信息做简要评析.

4. 了解散点图的制作方法和步骤，了解运用 Excel 进行数据拟合的过程和操作方法，会进行简单模型的数据拟合.

5. 会运用 Excel 绘制饼图、直方图、折线图及进行数据表格的数组运算，能够运用数据表格、数字数组的运算、数据的图示解决实际问题.

知识回顾

甲、乙两台机床同时生产直径是 12 mm 的零件，为了检验产品质量，从产品中各抽出 10 件进行测量，结果见表 4-1.

表 4-1　　　　　机床生产的零件尺寸数据　　　　单位：mm

甲机床	11.7	12.0	11.9	11.8	12.1	11.9	12.1	11.8	11.9	12.0
乙机床	11.5	11.6	12.4	12.0	12.1	11.7	11.8	12.3	11.6	12.2

比较两台机床生产的零件尺寸，如何判断哪个机床的加工质量更好？

可以先比较甲、乙两台机床生产的零件尺寸的平均值：

$$\bar{x}_甲 = \frac{1}{10} \times (11.7 + 12.0 + 11.9 + 11.8 + 12.1 + 11.9 +$$

$$12.1 + 11.8 + 11.9 + 12.0)$$

$$= 11.92,$$

$$\bar{x}_乙=\frac{1}{10}\times(11.5+11.6+12.4+12.0+12.1+11.7+11.8+$$

$$12.3+11.6+12.2)$$

$$=11.92.$$

可以看出，甲、乙两台机床生产的零件尺寸平均值相同，无法比较机床的加工质量.

思考：还可以用什么方法进行比较呢？

每个样本与全体样本的平均数之差的平方值的平均数叫作方差，记作 s^2. 方差可以用来表示数据的波动大小，波动越大，方差越大；波动越小，方差越小.

接下来通过计算零件尺寸的方差进行比较：

$$s_甲{}^2=\frac{1}{10}\times[(11.7-11.92)^2+(12-11.92)^2+\cdots+(12-11.92)^2]$$

$$=0.015\,6,$$

$$s_乙{}^2=\frac{1}{10}\times[(11.5-11.92)^2+(11.6-11.92)^2+\cdots+(12.2-11.92)^2]$$

$$=0.093\,6.$$

因为 $s_甲{}^2<s_乙{}^2$，所以甲机床加工的零件尺寸波动较小，所以甲机床的加工质量更好.

4.1　数据表格、数组

4.1.1　数据表格

实例考察

　　表4-2反映某市行业企业减员监测数据，表4-3反映某校机电一班第一小组期末语文、数学、英语、体育、机械制图成绩. 从两个表中你能读取到哪些信息？

表4-2　　　　某市行业企业减员监测数据

行业	减员企业数	3月人数	4月人数	减员数	减少幅度/%
农、林、牧、渔业	1	70	69	1	1.43
采矿业	2	1 902	1 883	19	1.00
制造业	17	16 495	16 287	208	1.26
建筑业	1	998	983	15	1.50
交通运输、仓储和邮政业	1	59	57	2	3.39
批发和零售业	8	2 647	2 610	37	1.40
住宿和餐饮业	4	587	555	32	5.45
房地产业	2	232	228	4	1.72
租赁和商业服务业	1	64	61	3	4.69

表4-3　　　某校机电一班第一小组期末语文、数学、英语、体育、机械制图成绩

姓名	语文	数学	英语	体育	机械制图
张楠	90	84	95	优秀	89
王红	79	94	81	及格	76
沈彬	87	69	76	及格	90
李飞	65	80	79	良好	88
吴江	70	84	65	良好	71

表 4-2 和表 4-3 称为**数据表格**或**表**.

表格由纵向的列和横向的行所围成的格子组成，每个格子中都包含了文字、数字、字母等信息. 我们把数据表格中的格子叫**单元格**.

表格通常由表号、表题、表头、表身组成.

(1) 表号，即表格的序号，用数字按全书（全文）或章统一编号，位于表格顶格线的上方. 表号用于区别不同的数据表格，若文中只有一个表格，可省略表号.

(2) 表题，即表格的名称，简要反映表格的内容和用途，位于表格顶格线的上方，紧随表号.

(3) 表头，即表格横排的第一行、竖排第一列. 表头可用中文、英文、数字等表示，反映数据信息的属性、性质、单位等.

(4) 表身，即收集的数据信息，每个单元格中的数据都应与所在行、列的表头相对应.

例题解析

例　以下是历次全国人口（单位：万人）普查的数据.

1953 年，58 260；1964 年，69 458，年均增长率 1.61%；1982 年，100 818，年均增长率 2.09%；1990 年，113 368，年均增长率 1.48%；2000 年，126 583，年均增长率 1.07%；2010 年，133 972，年均增长率 0.57%；2020 年，141 178，年均增长率 0.53%.

试制作历次全国人口普查数据表.

解　制表 4-4 如下所示.

表 4-4　　　　　　**历次全国人口普查数据表**

年份	全国人口/万人	年均增长率/%
1953 年	58 260	—
1964 年	69 458	1.61
1982 年	100 818	2.09
1990 年	113 368	1.48
2000 年	126 583	1.07
2010 年	133 972	0.57
2020 年	141 178	0.53

知识巩固 1

1. 试制作周一至周五班级值日表, 内容包括擦黑板、扫地、拖地、整理课桌、倒垃圾.

2. 以下是某年 3 月和第一季度, 在我国销量排前 5 位的汽车品牌的销量数据.

大众: 3 月销量 230 417 辆, 同比下跌 8%; 第一季度销量 784 352 辆, 同比下跌 1%; 市场份额 14.7%. 长安: 3 月销量 97 752 辆, 同比增长 34%; 第一季度销量 303 934 辆, 同比增长 58%; 市场份额 5.7%. 现代: 3 月销量 103 785 辆, 同比增长 8%; 第一季度销量 283 104 辆, 同比下跌 2%; 市场份额 5.3%. 别克: 3 月销量 78 781 辆, 同比增长 0%; 第一季度销量 229 015 辆, 同比下跌 4%; 市场份额 4.3%. 福特: 3 月销量 76 943 辆, 同比增长 2%; 第一季度销量 226 620 辆, 同比增长 11%; 市场份额 4.3%.

试制作该年 3 月与一季度上述品牌汽车销量数据表.

4.1.2　数组

实例考察

比较表 4-2 与表 4-3 中单元格的数据.

(1) 它们有哪些共同点? 又有哪些区别?

(2) 在表身的单元格中, 同一行各数据的属性是否相同? 同一列各数据的属性是否相同?

可以看到, 两个表中数据的共同点是单元格中都有数据. 区别是表 4-2 由表示不同的各类数字组成, 表 4-3 由表示成绩的数字与表示体育等级的文字组成.

表格中, 每一个栏目下一组依次排列的数据叫做**数组**, 用黑体字母表示. 数组中的每一个数据叫做**数组的元素**, 用带下标的字母表示. 数组通常将元素放在圆括号或花括号内, 并用逗号分隔. 例

如，数组可表示为

$$\boldsymbol{a}=(a_1,\ a_2,\ a_3,\ \cdots,\ a_n).$$

表 4-3 中表示学生姓名的数组为

$$\boldsymbol{a}=(张楠，王红，沈彬，李飞，吴江)，$$

这样的数组叫做**文字数组**或**字符串数组**.

表 4-2 中表示企业减员数的数组为

$$\boldsymbol{b}=(1,\ 19,\ 208,\ 15,\ 2,\ 37,\ 32,\ 4,\ 3)，$$

这样的数组叫做**数字数组**.

表 4-3 中表示张楠成绩的数组为

$$\boldsymbol{c}=(90,\ 84,\ 95,\ 优秀，89)，$$

这样的数组叫做**混合数组**.

每一个数组反映了对应栏目的信息，因此数组中各对应数据的次序不能交换.

规定：两个数组相等，当且仅当这两个数组的元素个数相等，且按顺序对应的各元素也相等.

例题解析

例　试写出表 4-2 中行业的文字数组与企业职工减少幅度的数字数组，表 4-4 中全国人口的数字数组.

解　表 4-2 中行业的文字数组 $\boldsymbol{a}=$(农、林、牧、渔业，采矿业，制造业，建筑业，交通运输、仓储和邮政业，批发和零售业，住宿和餐饮业，房地产业，租赁和商业服务业).

表 4-2 中企业职工减少幅度的数字数组 $\boldsymbol{b}=$(1.43%，1.00%，1.26%，1.50%，3.39%，1.40%，5.45%，1.72%，4.69%).

表 4-4 中全国人口的数字数组 $\boldsymbol{c}=$(58 260，69 458，100 818，113 368，126 583，133 972，141 178).

知识巩固 2

正弦、余弦、正切函数在自变量取不同值时的函数值如表 4-5 所示.

表 4 – 5　　　　　正弦、余弦、正切函数的函数值

x	0	$\frac{\pi}{2}$	π	$\frac{3\pi}{2}$	2π
$y = \sin x$	0	1	0	-1	0
$y = \cos x$	1	0	-1	0	1
$y = \tan x$	0	不存在	0	不存在	0

（1）写出表示函数的文字数组和表示正弦函数值的数字数组.

（2）表示正切函数值的数组是什么类型的数组?

4.2 数组的运算

4.2.1 数组的加法、减法运算

实例考察

表 4-6 反映了 2022 年和 2023 年全国参加失业保险、工伤保险、生育保险的人数情况.

(1) 表中数据能组成多少个数字数组？

(2) 2022 年和 2023 年参加这三类保险的总人数各是多少？

(3) 你还能从表中获得什么信息？

表 4-6 **全国参加失业保险、工伤保险、生育保险的人数情况** 单位：万人

年份	2022 年	2023 年
失业保险	23 807	24 373
工伤保险	29 116	30 170
生育保险	24 622	24 907

可以看出组成的数组有 (23 807, 24 373), (29 116, 30 170), (24 622, 24 907), (23 807, 29 116, 24 622), (24 373, 30 170, 24 907), 共 5 个数组.

2022 年参加三类保险的总人数为 23 807＋29 116＋24 622＝77 545 (万人), 2023 年参加三类保险的总人数为 24 373＋30 170＋24 907＝79 450 (万人).

一般地, 我们把数组中元素的个数叫做**数组的维数**, 例如, 数组 (23 807, 24 373) 是二维数组, 数组 (23 807, 29 116, 24 622) 是三维数组.

对于两个 n 维数组 $\boldsymbol{a}=(a_1, a_2, a_3, \cdots, a_n)$, $\boldsymbol{b}=(b_1, b_2,$

b_3，$\cdots$，b_n），我们规定：

(1) 加法：$a+b=(a_1,\ a_2,\ a_3,\ \cdots,\ a_n)+(b_1,\ b_2,\ b_3,\ \cdots,\ b_n)$

$$=(a_1+b_1,\ a_2+b_2,\ a_3+b_3,\ \cdots,\ a_n+b_n).$$

数组 $a+b$ 叫做数组 a 与数组 b 的**和数组**，简称**和**.

(2) 减法：$a-b=(a_1,\ a_2,\ a_3,\ \cdots,\ a_n)-(b_1,\ b_2,\ b_3,\ \cdots,\ b_n)$

$$=(a_1-b_1,\ a_2-b_2,\ a_3-b_3,\ \cdots,\ a_n-b_n).$$

数组 $a-b$ 叫做数组 a 与数组 b 的**差数组**，简称**差**.

例题解析

例 已知数字数组 $a=\left(\dfrac{3}{4},\ 2,\ 7\right)$，$b=(6,\ -3,\ 1)$，$c=(2,\ 1,\ -1)$，求：

(1) $a+b$；(2) $a-b+c$.

解 (1) $a+b=\left(\dfrac{3}{4},\ 2,\ 7\right)+(6,\ -3,\ 1)$

$$=\left(\dfrac{27}{4},\ -1,\ 8\right).$$

(2) $a-b+c=\left(\dfrac{3}{4},\ 2,\ 7\right)-(6,\ -3,\ 1)+(2,\ 1,\ -1)$

$$=\left(-\dfrac{13}{4},\ 6,\ 5\right).$$

4.2.2　数组的数乘运算

一般地，用实数 k 乘数组 $a=(a_1,\ a_2,\ a_3,\ \cdots,\ a_n)$ 的运算，称为**数乘**. 数乘的运算法则为

$$ka=k(a_1,\ a_2,\ a_3,\ \cdots,\ a_n)=(ka_1,\ ka_2,\ ka_3,\ \cdots,\ ka_n).$$

例题解析

例 用数组的加法和数乘运算，求表 4-3 中每个学生的语文、数学、英语、机械制图的总分与平均成绩.

解　(1) 张楠、王红、沈彬、李飞、吴江的语文、数学、英语和机械制图成绩构成的数组分别为

$$a_1 = (90, 79, 87, 65, 70),$$
$$a_2 = (84, 94, 69, 80, 84),$$
$$a_3 = (95, 81, 76, 79, 65),$$
$$a_4 = (89, 76, 90, 88, 71).$$

每位同学的总分构成的数组为

$$a = a_1 + a_2 + a_3 + a_4$$
$$= (90, 79, 87, 65, 70) + (84, 94, 69, 80, 84) +$$
$$\quad (95, 81, 76, 79, 65) + (89, 76, 90, 88, 71)$$
$$= (358, 330, 322, 312, 290).$$

所以，张楠、王红、沈彬、李飞、吴江同学四门课程的总分分别为 358, 330, 322, 312, 290.

(2) 每位同学的平均成绩构成的数组为

$$b = \frac{1}{4}a = (89.5, 82.5, 80.5, 78, 72.5).$$

所以，张楠、王红、沈彬、李飞、吴江同学的平均成绩分别为 89.5, 82.5, 80.5, 78, 72.5.

知识巩固 1

1. 已知数组 $a = (3, -2, 9)$，$b = \left(\dfrac{1}{2}, 3, 7\right)$，求：

(1) $a + b$；(2) $a - b$；(3) $3a - 2b$.

2. 某商场一季度部分家电销售情况见表 4-7.

表 4-7　　　某商场一季度部分家电销售情况　　　单位：台

月份	一月	二月	三月
空调	65	10	45
冰箱	25	63	31
电视机	72	120	101
洗衣机	45	66	75

(1) 各种家电一季度的销售总量分别是多少台？平均每月销售量是多少台？

(2) 3 月份与 2 月份相比，各种家电销量分别增加了多少？

4.2.3　数组的内积

实例考察

表 4-8 记录了股市某只股票在某一段时间内的成交情况.

表 4-8　　　　　　　股票成交情况

成交价/(元/股)	26.50	27.00	26.80	27.20	27.50
成交量/股	1 000	1 500	800	1 200	3 000
成交金额/元					

(1) 完成表格.

(2) 在这个时间段内该某股票的总成交金额是多少？

一般地，对两个 n 维数字数组 $\boldsymbol{a}=(a_1, a_2, a_3, \cdots, a_n)$，$\boldsymbol{b}=(b_1, b_2, b_3, \cdots, b_n)$，规定：

$$\boldsymbol{a} \cdot \boldsymbol{b} = (a_1, a_2, a_3, \cdots, a_n) \cdot (b_1, b_2, b_3, \cdots, b_n)$$
$$= a_1 b_1 + a_2 b_2 + a_3 b_3 + \cdots + a_n b_n.$$

我们把 $\boldsymbol{a} \cdot \boldsymbol{b}$ 叫做数组 $\boldsymbol{a}$ 与数组 $\boldsymbol{b}$ 的**内积**，从上式可以看出，数组的内积是一个数字.

例题解析

例　已知数组 $\boldsymbol{a}=(3, 2, -5)$，$\boldsymbol{b}=(1, -3, 6)$.

(1) 求 $\boldsymbol{a} \cdot \boldsymbol{b}$，$\boldsymbol{b} \cdot \boldsymbol{a}$；

(2) 设数组 $\boldsymbol{c}=(-3, 2, x)$，且 $\boldsymbol{b} \cdot \boldsymbol{c}=-2$，求 x 的值.

解　(1) $\boldsymbol{a} \cdot \boldsymbol{b} = (3, 2, -5) \cdot (1, -3, 6)$
$$= 3 \times 1 + 2 \times (-3) + (-5) \times 6$$
$$= -33.$$

$$b \cdot a = (1, -3, 6) \cdot (3, 2, -5)$$
$$= 1 \times 3 + (-3) \times 2 + 6 \times (-5)$$
$$= -33.$$

(2) $b \cdot c = (1, -3, 6) \cdot (-3, 2, x)$
$$= 1 \times (-3) + (-3) \times 2 + 6x$$
$$= -9 + 6x.$$

因为 $b \cdot c = -3$，所以 $-9 + 6x = -3$，即 $x = 1$.

4.2.4 数组的运算律

n 维数字数组的加法、减法、内积有下列运算律 $(\lambda, \mu \in \mathbf{R})$.

(1) $a + 0 = a$，$a + (-a) = 0$，其中 $0 = (0, 0, \cdots, 0)$ 是 n 维数字数组.

(2) 结合律：

$$(a + b) + c = a + (b + c),$$
$$\lambda(\mu a) = (\lambda \mu)a = \mu(\lambda a),$$
$$\lambda(a \cdot b) = (\lambda a) \cdot b = a \cdot (\lambda b).$$

(3) 交换律：

$$a + b = b + a,$$
$$a \cdot b = b \cdot a.$$

(4) 分配律：

$$(\lambda + \mu)a = \lambda a + \mu a,$$
$$\lambda(a + b) = \lambda a + \lambda b,$$
$$(a + b) \cdot c = a \cdot c + b \cdot c.$$

例题解析

例 某饭店"招牌牛肉面"一份的用料规定如下：面粉 200 克，6 元/千克；牛肉 30 克，100 元/千克；高汤每份 0.5 元；青菜及萝卜每份 2 元；其他调味料每份 0.8 元.

(1) 制作"招牌牛肉面"的成本表,并计算出一份"招牌牛肉面"的总成本.

(2) "招牌牛肉面"的毛利率要达到 50% 以上,那么定价最低应该为多少元 (结果向上取整数)?

解 (1) 由 200 克＝0.2 千克,30 克＝0.03 千克,制作表 4-9.

表 4-9　　　　　"招牌牛肉面"成本表

原料	数量	单价/元	成本价/元
面粉	0.2	6	1.2
牛肉	0.03	100	3
高汤	1	0.5	0.5
青菜及萝卜	1	2	2
调味料	1	0.9	0.9

设原材料数量的数组为 $a=(0.2,\ 0.03,\ 1,\ 1,\ 1)$,每种原材料单价的数组为 $b=(6,\ 100,\ 0.5,\ 2,\ 0.9)$,则

$$d=a \cdot b=7.6.$$

即制作"招牌牛肉面"的总成本价为 7.6 元.

(2) 因为毛利率＝(销售收入－销售成本)/销售收入,且定价等于销售收入,所以

$$毛利率＝(定价－销售成本)/定价.$$

代入数据,得

$$50\%＝(定价－7.6)/定价,$$

解得定价为 15.2 元. 结果向上取整数,则定价最低应该为 16 元.

知识巩固 2

1. 已知数组 $a=(2,\ -1,\ 5)$, $b=(3,\ -5,\ 4)$, $c=(3,\ 5,\ -2)$. 求:

(1) $a+b+2c$; (2) $b \cdot c$; (3) $(a-b) \cdot c$; (4) $a \cdot (b+c)$.

2. 开心商店于 2024 年 7 月 1 日批发销售的商品如下:①甲商品 20 件,批发价 2.1 元/件,成本价 1.9 元/件;②乙商品 25 件,

批发价 2.6 元/件，成本价 2.2 元/件；③丙商品 30 件，批发价 2.7 元/件，成本价 2.4 元/件.

(1) 制作批发销售表格，表中须有商品名称、数量、批发价、成本价、利润.

(2) 求开心商店这一天甲、乙、丙三种商品的批发利润.

3. 日升超市举办节日打折酬宾活动. 小王在超市购买了以下商品：①香辣牛肉面 15 袋，单价 1.8 元/袋，打八折；②薯片 4 袋，单价 9.0 元/袋，打八五折；③泡菜 2 瓶，单价 4.5 元/瓶，打九折；④冰绿茶 24 盒，单价 1.7 元/盒，打八折.

(1) 制作一张购物清单表，表中须有商品名、数量、单价、折扣率、应付款.

(2) 求每件商品的应付款和总付款.

4.3 数据的图示

4.3.1 饼图

实例考察

图 4-1 是某城市 2023 年三季度不同年龄用工需求人数的饼图.

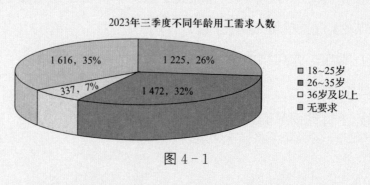

2023年三季度不同年龄用工需求人数

图 4-1

（1）36 岁以下的年轻人占用工需求的比例是多少？

（2）你从图中还读出了哪些信息？

饼图又称**圆形图**，它能够直观地反映个体与总体的比例关系，形象地显示个体在总体中所占的比例.

绘制饼图的原理是将圆作为总体，通过圆上扇形面积的大小来反映某个数据或某个项目在总体中所占的比例. 当圆的半径不变时，扇形的面积与对应的圆心角成正比. 因此，绘制饼图的关键是求出比例数据及其对应的圆心角.

绘制饼图的步骤如下：

第一步，制作数据表，并在表上列出数据占总体的比例.

第二步，根据比例数据计算圆心角度数，若比例数据为 k，则圆心角 $\alpha = k \cdot 360°$.

第三步，根据圆心角 α 画出扇形，并涂上不同的颜色.

第四步，写上标题，每个扇形旁边标注比例，可以在图的右边标注不同颜色所对应的项目.

例题解析

例 2022 年，我国就业人员总数为 73 351 万人，分产业看，第一产业就业人数为 17 663 万人，第二产业就业人数为 21 105 万人，第三产业就业人数为 34 583 万人，绘制饼图并对结果做简要评析.

解 第一步，制作数据表，并在表上列出各产业人员占总体的比例.

第二步，计算圆心角度数，见表 4 - 10.

表 4 - 10　　　　　　　计算圆心角度数

产业	第一产业	第二产业	第三产业
就业人数/万人	17 663	21 105	34 583
比例/%	24.1	28.8	47.1
圆心角/度	86.76	103.68	169.56

第三步，画出扇形，并涂上不同的颜色，如图 4 - 2 所示.

第四步，写上标题，在每一个扇形旁边标注每种岗位所对应的颜色，如图 4 - 2 所示.

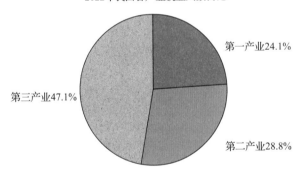

2022年我国各产业就业人数占比

图 4 - 2

评析 从图 4 - 2 中可以看出，我国第三产业就业人员数量最多，约占 47.1%；其次是第二产业，约占 28.8%；第一产业就业人员数量最少，约占 24.1%.

知识巩固 1

1. 某饭店餐饮部在一季度发现服务质量问题 45 件，其中菜肴质量问题 17 件，服务态度问题 15 件，服务技能问题 6 件，安全卫生问题 4 件，其他问题 3 件，绘制饼图并对结果做简要评析.

2. 据调查，我国 2022 年民用汽车拥有量为 343 068.9 万辆，其中民用汽车 311 884.44 万辆，载客汽车 27 715.55 万辆，载货汽车 3 317.65 万辆，其他汽车 151.24 万辆，绘制饼图并对结果做简要评析.

4.3.2 直方图

实例考察

图 4-3 反映了机电一班第一小组学生语文、数学、机械制图考试成绩. 比较这四幅图，它们各有什么特点？你从中读到了什么信息？

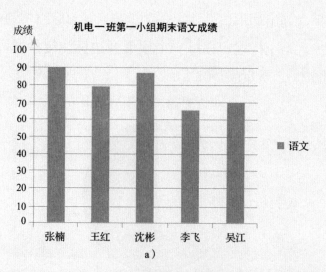

a）

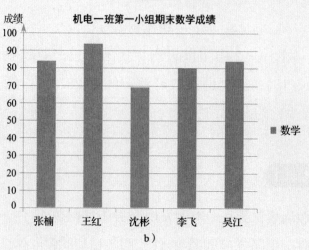

b）

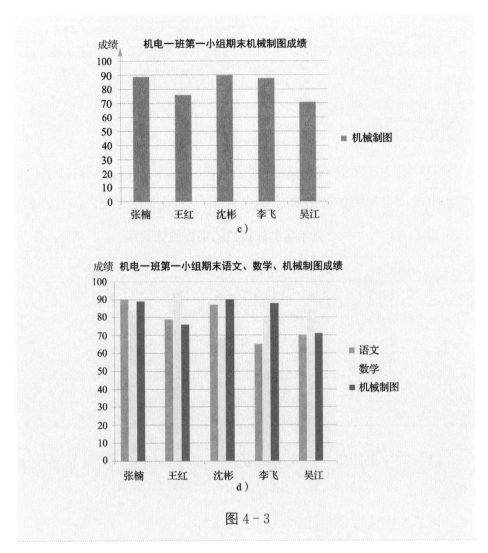

图 4 - 3

直方图又称**柱形图**，它能通过矩形的高低，形象地显示同类事物之间的数量、频数差异，直方图分为单一直方图（图 4 - 3a、b、c）和复式直方图（图 4 - 3d）.

绘制直方图的原理是以矩形面积表示数量、频数，为便于比较，在同一直方图中每个矩形的宽保持不变，各矩形高的比就等于其面积的比. 因此，绘制直方图的关键是根据数据设置合理的高度，求出每个数据所对应的矩形的高.

绘制直方图的步骤如下：

第一步，建立直角坐标系，一般用横轴表示数据类型，用纵轴表示数据的值.

第二步，选取适当的纵坐标比例.

第三步，根据数据画出直方图. 若直方图反映多个数据，应在表示同类数据的直方图上涂上相同的颜色或画上相同的斜线.

第四步，在直方图的正上方写标题，并在图的右边标注不同颜色所对应的类别.

例题解析

例　表 4 - 11 是商场某商品柜台 7—12 月手机与计算机的销售统计数据，根据表中的数据绘制直方图，并根据直方图做简要评析.

表 4 - 11　　7—12 月手机与计算机的销售统计数据　　　　单位：个

时间	手机销量	计算机销量
7 月	4 122	4 092
8 月	4 134	2 523
9 月	3 392	4 467
10 月	5 454	4 274
11 月	3 238	2 820
12 月	5 215	3 043

解　第一步，建立直角坐标系，时间作为横坐标，商品销量作为纵坐标.

第二步，选取适当比例，确定纵坐标.

因为销量的最大值为 5 454，最小值为 2 820，所以确定纵坐标的最大值为 6 000，以 1 000 作为纵坐标的单位长度.

第三步，计算每个单元格中的数据所对应的坐标，画出直方图.

第四步，写标题，标注不同颜色所对应的类别，得到图 4 - 4.

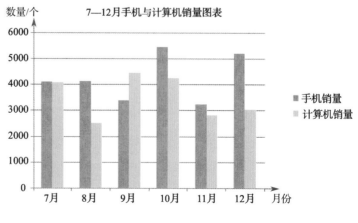

图 4 - 4

评析　从图 4-4 可以看出，该商品柜台在 7—12 月，除 9 月外，手机销量都比计算机销量大. 7 月暑假开始时手机与计算机销量相对较高且基本持平，8 月的计算机销量最低，9 月开学季的计算机销量比较大，10 月的手机销量最大.

▶ 知识巩固 2

表 4-12 是关于旅游的统计数据，根据表中的数据绘制直方图，并根据直方图作简要评析.

表 4-12　　　　　　　旅游统计数据　　　　　　单位：人

旅游地点	南京出发	北京出发	上海出发
中国大陆	368	490	514
亚洲（中国大陆以外）	288	269	344
欧洲	123	378	681

实 践 活 动

统计你所在班级同学的数学期中考试成绩，并求出考试成绩在 60 分以下、60～69 分、70～79 分、80～89 分、90～100 分 5 个分数段内的学生人数. 以学生分数段为横轴、学生人数为纵轴制作直方图，并分析考试成绩的分布情况.

4.3.3　折线图

▶ 实例考察

图 4-5 是我国 2010 年至 2022 年人口出生率和死亡率走势图，你从图中能读出哪些信息？

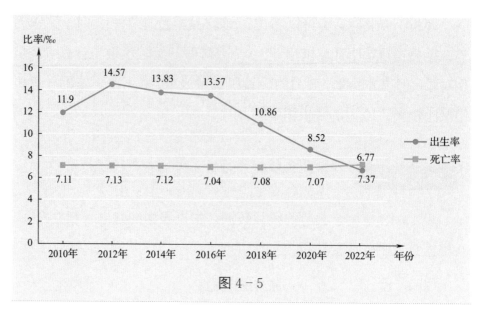

图 4 - 5

折线图是用线段依次连接坐标系中数据所表示的点而形成的折线.

折线图可以显示数据随时间变化的特征，能很好地反映数据之间的联系，折线的走向还可以体现数据的变化情况.

绘制折线图的方法与用描点作图法作函数图像的方法基本相同，步骤如下：

第一步，建立直角坐标系，一般用横轴表示时间、序号等变量，用纵轴表示数量、频数等变量.

第二步，选取适当的坐标比例.

第三步，在坐标系中标出数据所对应的点，并依次连接，若折线图同时反映多个数组，即图中有多条折线，要用不同的线型或颜色加以区别.

第四步，在折线图的正上方写上标题，并在图的右边标注不同线型或颜色所对应的类别.

▶ **例题解析**

例　某公司研发了一款新产品，该产品于 2023 年 6 月开始销售，表 4 - 13 显示的是 6 月至 12 月的销量和单台生产成本，根据此表绘制折线图，并做简要评析.

表 4 - 13　　　　产品销售量与单台生产成本

月份	6 月	7 月	8 月	9 月	10 月	11 月	12 月
销售量/台	100	150	200	500	1 000	1 500	2 000
单台生产成本/(元/台)	500	495	485	461	412	385	350

解 第一步，建立直角坐标系，横坐标表示月份，纵坐标表示销售量和生产成本.

第二步，选取适当的坐标比例，横坐标自 6 月开始从左向右依次排列；纵坐标以 500 为单位长度，最大值为 2 500.

第三步，标出表 4 - 12 中数据所对应的点，分别依次连接成折线，并用不同颜色对这两条线加以区别.

第四步，在折线上方写标题，并在图例中标注两条线所代表的销售量和生产成本，如图 4 - 6 所示.

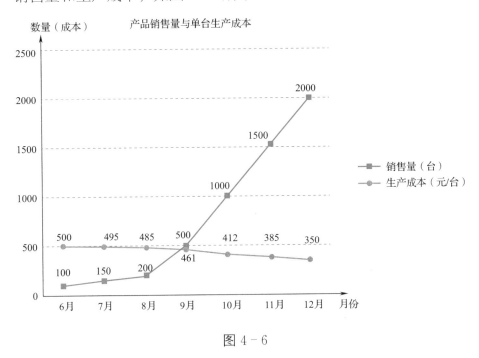

图 4 - 6

评析 图 4 - 6 显示，随着销售量的增加，单台生产成本不断下降，公司可以通过规模效应来降低生产成本.

知识巩固 3

表 4 - 14 是第 29 届到第 32 届奥运会中国、美国、俄罗斯三个国家获得的金牌数统计表，根据此表绘制折线图，并根据折线图作简要评析.

表 4 - 14 　　　　金牌数统计表　　　　单位：枚

国家	第 29 届	第 30 届	第 31 届	第 32 届
中国	51	38	26	38
美国	36	46	46	39
俄罗斯	23	24	19	20

4.4　散点图及其数据拟合

2017—2021 年我国的私人汽车拥有量如表 4-15 所示，预测未来几年的私人汽车拥有量是多少？

表 4-15　　　2017—2021 年我国的私人汽车拥有量

年份	2017 年	2018 年	2019 年	2020 年	2021 年
私人汽车拥有量/百万辆	185.151 1	205.749 3	225.089 9	242.911 9	261.520 2

在现实世界中，事物相互联系、相互影响. 寻找事物之间的关系的常用方法之一是通过实验测得一批数据，经过对这些数据的分析处理，归纳出反映变量之间关系的数学模型.

数据拟合就是通过数据来研究变量之间存在的相互关系，并给出近似的数学表达式的一种方法. 根据拟合模型，可以对变量进行预测或控制. 上一章最后一节我们学习的一元线性回归就是一种最简单的数据拟合.

解决数据拟合问题的关键之一是准确绘制散点图.

散点图又称**点图**，它是以圆点的大小和同样大小圆点的多少、疏密表示统计对象的数量及其变化趋势的图.

下面通过具体的例子学习运用散点图进行数据拟合解决实际问题的方法.

例题解析

例 1　根据本节实例考察表 4-15 提供的数据，试给出一个模型，预测 2022 年的私人汽车拥有量，并上网检索验证结论.

解　利用数据拟合解决问题，首先用 Excel（表格处理软件）作出数据的散点图；然后通过观察散点图趋势，选用适当的模型进行拟合.

具体方法如下：

（1）在 Excel 工作表中输入上表中的数据，然后用与绘制折线图类似的方法绘制散点图（图 4-7）.

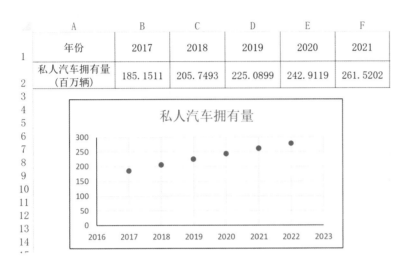

	A	B	C	D	E	F
1	年份	2017	2018	2019	2020	2021
2	私人汽车拥有量（百万辆）	185.1511	205.7493	225.0899	242.9119	261.5202

图 4-7

（2）用鼠标点击图像中任意一个散点后单击右键，在弹出的命令中点击"添加趋势线".

（3）在弹出的命令框中有趋势线选项页标签，可以进行回归分析类型、趋势线名称等有关设置（图 4-8）.

（4）本例中我们选择"线性"回归分析类型，并在"趋势预测"中勾选"显示公式"和"显示 R 平方值".

（5）完成设置后即可在图像框中出现趋势线以及对应的函数表达式、R^2 值（图 4-9）.

由图 4-9 可知拟合线数据模型为

$$y = 18.542x - 37\,213.$$

当 $x = 2\,022$ 时，$y = 278.924$.

上面的方程也称为回归方程，其中显示的 R^2 值越接近 1，则拟合效果越好.

图 4-8

	A	B	C	D	E	F
1	年份	2017	2018	2019	2020	2021
2	私人汽车拥有量（百万辆）	185.1511	205.7493	225.0899	242.9119	261.5202

图 4-9

根据官方资料，2022 年我国私人汽车拥有量为 277.9211 百万辆，与上述预测数据比较接近.

例 2 某种汽车在某公路上的车速与刹车距离的数据见表 4-16. 试建立两者之间的关系，并求当车速为 120 km/h 的刹车距离.

表 4-16　　　　　　　　车速与刹车距离表

车速/(km/h)	10	15	30	40	50	60	70	80	90	100
刹车距离/m	4	7	12	18	25	34	43	54	66	80

解　在 Excel 工作表中输入数据后作散点图，发现散点呈递增趋势，则在选择趋势线类型时，分别添加"指数""幂""多项式"三种趋势线，结果如图 4-10 所示.

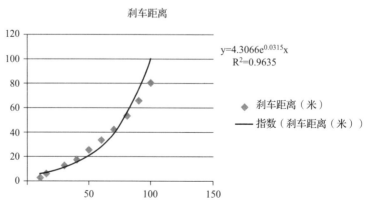

a)

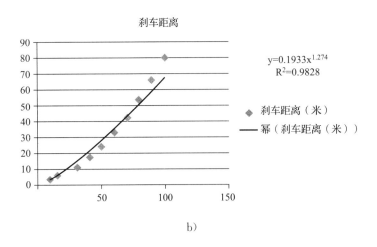

b)

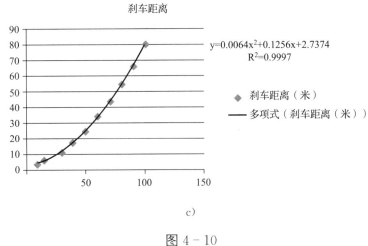

c)

图 4－10

根据显示的 R^2 值，选择多项式模型，即车速 x 与停车距离 y 之间的关系为

$$y = 0.006\,4x^2 + 0.125\,6x + 2.737\,4.$$

当 $x = 120$ 时，$y \approx 110$.

知识巩固

随着我国居民收入的提高，用于旅游消费的支出也在逐年增加，表 4- 17 是 2012—2018 年我国居民旅游总花费（单位：万亿元）. 请根据给出的数据，用 Excel 进行数据拟合，找出拟合最好的函数关系式.

表 4－17　　　2012—2018 年我国居民旅游总花费

年份	2012 年	2013 年	2014 年	2015 年	2016 年	2017 年	2018 年
旅游总花费/万亿元	2.270 62	2.627 61	3.031 19	3.419 51	3.938 98	4.566 08	5.127 83

4.5 用 Excel 处理数据表格

实例考察

　　某校 2022 级机电一体化专业一班采用 Excel 表格管理班费，表 4-18、表 4-19 是班级的收支详细列表.

表 4-18 某校 2022 级机电一体化专业一班收入表

款项日期	收入款项名称	数量	单位	单价/元	金额/元
2023 年 9 月 15 日	班费	30	人	50	1 500
2023 年 11 月 20 日	月度星级班奖金	1	次	100	100
2023 年 12 月 25 日	月度星级班奖金	1	次	100	100
2024 年 3 月 4 日	班费	30	人	50	1 500
班费收入小计					3 200

表 4-19 某校 2022 级机电一体化专业一班支出表

款项日期	支付款项名称	数量	单位	单价/元	金额/元
2023 年 9 月 18 日	资料费	30	份	20	600
2023 年 9 月 22 日	班级聚会	1	次	485	485
2023 年 11 月 5 日	班会小礼物	30	份	12	360
2023 年 12 月 20 日	晚会费用	1	份	430	430
班费支出小计					1 875
班费结余					1 325

　　（1）如何运用 Excel 绘制表格？

　　（2）如何运用 Excel 计算表格中的收入小计、支出小计、班费结余？

　　Excel 具有制作表格、绘制图表、处理和分析数据等功能，本节将以实例考察为例，学习制作和处理数据表格的方法.

4.5.1 制作表格

　　（1）新建 Excel 工作簿.

　　方法一：点击桌面上"开始"菜单，找到"Excel"并点击，即可打开新工作簿"工作簿 1"(图 4-11).

图 4-11

方法二：在桌面或文件夹单击鼠标右键→"新建"→"Microsoft Excel 工作表".

(2) 输入数据.

在工作簿"工作簿 1"的"Sheet1"工作表编辑区内，用鼠标 (或按"→""←""↑""↓"键) 移动光标在选中的单元格依次输入数据，直至全部输入完成 (图 4-12).

	A	B	C	D	E	F	G
1	某校2022级机电一体化专业一班财务收支表						
2	收入						
3	款项日期	收入款项名称	数量	单位	单价/元	金额/元	
4	2023年9月15日	班费	30	人	50	1500	
5	2023年11月20日	月度星级班奖金	1	次	100	100	
6	2023年12月25日	月度星级班奖金	1	次	100	100	
7	2024年3月4日	班费	30	人	50	1500	
8	班费收入小计					3200	
9							
10	支出						
11	款项日期	支付款项名称	数量	单位	单价/元	金额/元	
12	2023年9月18日	资料费	30	份	20	600	
13	2023年9月22日	班级聚会	1	次	485	485	
14	2023年11月5日	班会小礼物	30	份	12	360	
15	2023年12月20日	晚会费用	1	份	430	430	
16	班费支出小计					1875	
17	班费结余					1325	
18							
19							
20							

图 4-12

(3) 修饰表格.

选中 A1 单元格，按住左键拖动至 F1 单元格，单击右键选中

"设置单元格格式",进入单元格格式界面.点击"对齐"选项卡,设置"水平对齐"选项和"垂直对齐"选项为"居中",在"文本控制"栏选中"合并单元格"(图 4-13),然后点击"确定".

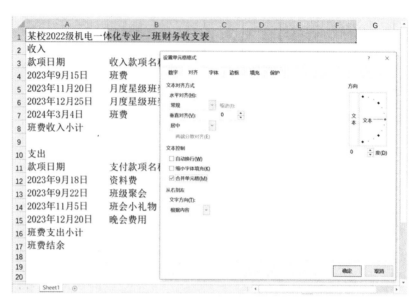

图 4-13

重复以上"合并单元格"操作,分别对 A2～F2,A8～E8,A10～F10,A16～E16,A17～E17 单元格进行合并,得到图 4-14 所示表格.

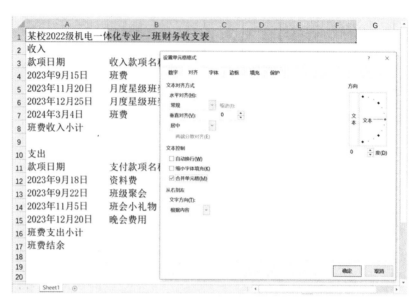

图 4-14

选中 A1～F18 单元格,单击右键选中"设置单元格格式",进入单元格格式界面.点击"对齐"选项卡,设置"水平对齐"选项和

“垂直对齐”选项为“居中”，然后点击“确定”；在设置单元格格式的“字体”选项卡中设置“字体”“字号”；单击“开始”选项卡“格式”功能按钮，可设置“行高”“列宽”，得到图 4－15 所示表格.

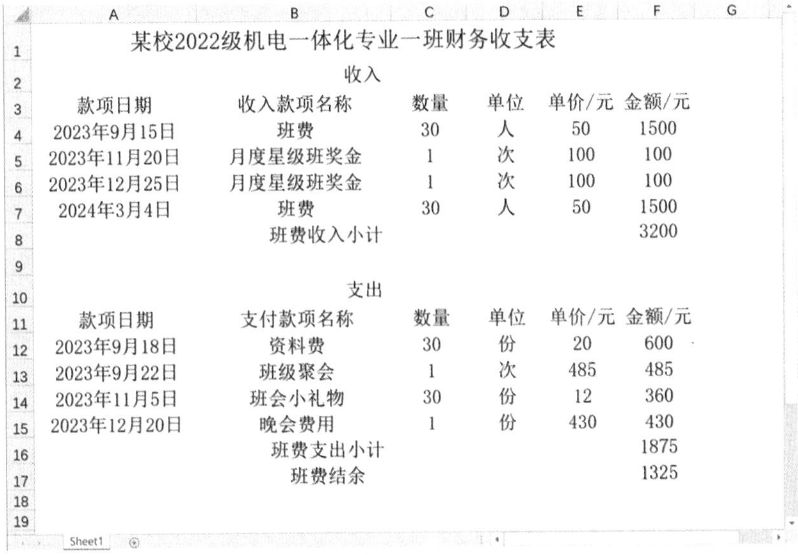

	A	B	C	D	E	F	G
1	某校2022级机电一体化专业一班财务收支表						
2		收入					
3	款项日期	收入款项名称	数量	单位	单价/元	金额/元	
4	2023年9月15日	班费	30	人	50	1500	
5	2023年11月20日	月度星级班奖金	1	次	100	100	
6	2023年12月25日	月度星级班奖金	1	次	100	100	
7	2024年3月4日	班费	30	人	50	1500	
8		班费收入小计				3200	
9							
10		支出					
11	款项日期	支付款项名称	数量	单位	单价/元	金额/元	
12	2023年9月18日	资料费	30	份	20	600	
13	2023年9月22日	班级聚会	1	次	485	485	
14	2023年11月5日	班会小礼物	30	份	12	360	
15	2023年12月20日	晚会费用	1	份	430	430	
16		班费支出小计				1875	
17		班费结余				1325	
18							
19							

Sheet1

图 4－15

（4）保存工作簿.

点击菜单“文件”中的“另存为”命令，在“另存为”对话框中选择保存路径，并给文件取名为“班级财务收支表”.

例题解析

例 表 4－20 是 2018 年至 2022 年我国人口数及构成情况，将该表制作成 Excel 表格.

表 4－20　2018 年至 2022 年我国人口数及构成情况

年份	年末总人口/万人	按性别分				按城乡分			
		男		女		城镇		乡村	
		人口/万人	比重/%	人口/万人	比重/%	人口/万人	比重/%	人口/万人	比重/%
2018	140 541	71 864	51.13	68 677	48.87	86 433	61.50	54 108	38.50
2019	141 008	72 039	51.09	68 969	48.91	88 426	62.71	52 582	37.29
2020	141 212	72 357	51.24	68 855	48.76	90 220	63.89	50 992	36.11
2021	141 260	72 311	51.19	68 949	48.81	91 425	64.72	49 835	35.28
2022	141 175	72 206	51.15	68 969	48.85	92 071	65.22	49 104	34.78

解 打开"工作簿1"建立工作表，并输入数据（图4-16）.

	A	B	C	D	E	F	G	H	I	J
1		2018年至2022年我国人口数及构成情况								
2	年份	年末总人口/按性别分					按城乡分			
3			男		女		城镇		乡村	
4			人口/万人	比重/%	人口/万人	比重/%	人口/万人	比重/%	人口/万人	比重/%
5	2018	140541	71864	51.13	68677	48.87	86433	61.50	54108	38.50
6	2019	141008	72039	51.09	68969	48.91	88426	62.71	52582	37.29
7	2020	141212	72357	51.24	68855	48.76	90220	63.89	50992	36.11
8	2021	141260	72311	51.19	68949	48.81	91425	64.72	49835	35.28
9	2022	141175	72206	51.15	68969	48.85	92071	65.22	49104	34.78

图4-16

对表号、表题、栏目进行合并单元格.

选择合适的字体、字号、行宽、行高、字符间距、单元格中数据的位置，得到图4-17.

	A	B	C	D	E	F	G	H	I	J
7	2018年至2022年我国人口数及构成情况									
8	年份	年末总人口/万人	按性别分				按城乡分			
9			男		女		城镇		乡村	
10			人口/万人	比重/%	人口/万人	比重/%	人口/万人	比重/%	人口/万人	比重/%
11	2018	140541	71864	51.13	68677	48.87	86433	61.50	54108	38.50
12	2019	141008	72039	51.09	68969	48.91	88426	62.71	52582	37.29
13	2020	141212	72357	51.24	68855	48.76	90220	63.89	50992	36.11
14	2021	141260	72311	51.19	68949	48.81	91425	64.72	49835	35.28
15	2022	141175	72206	51.15	68969	48.85	92071	65.22	49104	34.78

图4-17

知识巩固 1

在 Excel 中制作表4-21.

表4-21　　　　企业用工情况表

调查企业类型	企业数/人	当前用工人数/人	需求人数/人	需求与用工比/%	企业平均需求人数/人
内资企业	243	75 169	2 332	3.10	10
港澳台商投资企业	51	26 576	683	2.57	13
外商投资企业	56	43 965	1 635	3.72	29
合计	350	145 710	4 650	3.19	13

4.5.2　处理表格数据

下面我们以制作监测企业分行业用工总人数增减情况（表4-22）为例，学习处理表格数据.

表 4-22　　监测企业分行业用工总人数增减情况表

序号	行业	监测企业数	最初建档期	2019 年 12 月人数/人	2020 年 1 月人数/人
1	C农、林、牧、渔业	17	1 459	1 459	1 449
2	D采矿业	2	1 107	1 107	1 102
3	E制造业	258	116 028	116 028	114 867
4	F电力、热力、燃气及水生产和供应业	10	3 885	3 885	3 864
5	G建筑业	22	6 726	6 726	6 670

（1）数组的加法.

选定"监测企业数"栏下的数组，点击工具栏中的"∑"自动求和，在 C8 单元格中可得到 5 个行业的"监测企业数"的总和. 选中 C8 单元格并按住填充柄拖至 F8，可得到"最初建档期""2019 年 12 月人数""2020 年 1 月人数"的总和（图 4-18）.

图 4-18

（2）数组的减法.

选中 G3 单元格，并输入"＝F3－E3"后按回车键，可得到"C农、林、牧、渔业"的"环比变化". 选中 G3 单元格并按住填充柄拖至 G8，即可得到各行业及总计的"环比变化"（图 4-19）.

图 4-19

（3）数组的数乘.

选中 H3 单元格，输入"＝G3/E3"后按回车键，可得到"C农、林、牧、渔业"的"环比变化幅度"，选中 H3 单元格并按住填充柄拖至 H8，即可得到各行业及总计的"环比变化幅度"（图 4－20）.

	A	B	C	D	E	F	G	H
1		监测企业分行业用工总人数增减情况表						
2	序号	行业	监测企业数	最初建档期	2019年12月人数/人	2020年1月人数/人	环比变化	环比变化幅度
3	1	C农、林、牧、渔业	17	1459	1459	1449	−10	−0.69%
4	2	D采矿业	2	1107	1107	1102	−5	−0.45%
5	3	E制造业	258	116028	116028	114867	−1161	−0.01%
6	4	F电力、热力、燃气及水生产和供应业	10	3885	3885	3864	−21	−0.54%
7	5	G建筑业	22	6726	6726	6670	−56	−0.83%
8		总计	309	129205	129205	127952	−1253	−0.97%

图 4－20

（4）数组的内积.

用 Excel 求 4.2 节知识巩固 2 中第 2 题的甲、乙、丙三种商品的收入.

1）打开"工作簿 1"建立工作表，并输入题目中的数据.

2）插入"销售收入"列.

3）选中 D3 单元格，输入"＝B3 * C3"后按回车键，即可得到甲商品的销售收入.

4）选中 D3 单元格，并按住填充柄拖至 D5，即可得到甲、乙、丙三种商品的"销售收入"（图 4－21）.

	A	B	C	D	E	F
1		开心商店2024年7月1日 批发销售商品情况表				
2	商品名称	批发数量/件	每件批发价/元	销售输入/元	每件成本价/元	批发利润/元
3	甲商品	20	2.1	42	1.9	
4	乙商品	25	2.6	65	2.2	
5	丙商品	30	2.7	81	2.4	

图 4－21

（5）除法运算.

用 Excel 求甲、乙、丙三种商品的批发利润率.

1）选中 F3 单元格，输入"＝B3 * (C3−E3)"后按回车键，即可得到甲商品的"批发利润"（图 4－22）. 选中 F3 单元格，并按住填充柄拖至 F5，即可得到甲、乙、丙三种商品的"批发利润".

▲	A	B	C	D	E	F
1	开心商店2024年7月1日　批发销售商品情况表					
2	商品名称	批发数量/件	每件批发价/元	销售输入	每件成本价/元	批发利润/元
3	甲商品	20	2.1	42	1.9	4
4	乙商品	25	2.6	65	2.2	
5	丙商品	30	2.7	81	2.4	

图 4-22

2）插入"批发利润率/%"列.

3）选中 G3 单元格，输入"＝F3/（B3＊E3）"后按回车键，即可得到甲商品的"批发利润率".

4）再选中 G3 单元格，单击右键并在下拉菜单中点击"设置单元格格式"，打开"数字"选项，选择"百分比"和合适的"小数位数"，点击"确定"（图 4-23），即可得到甲商品的批发利润率.

图 4-23

5）选中 G3 单元格，并按住填充柄拖至 G5 单元格，即可得到甲、乙、丙三种商品的"批发利润率"（图 4-24）.

▲	A	B	C	D	E	F	G
1	开心商店2024年7月1日　批发销售商品情况表						
2	商品名称	批发数量/件	每件批发价/元	销售输入	每件成本价/元	批发利润/元	批发利润率/%
3	甲商品	20	2.1	42	1.9	4	10.53%
4	乙商品	25	2.6	65	2.2	10	18.18%
5	丙商品	30	2.7	81	2.4	9	12.50%

图 4-24

>> 知识巩固2

　　表4-23是2024年3月18日到22日一个交易周内的上证日成交额，若当月15日（周五）的日成交额为4 059.18亿元，求：

　　（1）这一周内的上证日平均成交额和周成交额；

　　（2）这一周内的上证成交额的日涨幅和周涨幅（精确到0.01%）.

表4-23　　　　　　　　　　上证日成交额

日期	18 日	19 日	20 日	21 日	22 日
成交额/亿元	4 855.21	4 469.31	4 074.33	4 376.35	4 567.62

数学与生活

　　在经济社会活动中，人们为了适应显示、处理数据信息的需要，创建了各种各样的数据图表. 除了四种最常用的图表类型（饼图、直方图、折线图、散点图）以外，还有条形图、圆环图、雷达图、股价图等.

　　条形图　条形图是用宽度相同的条形的高度来表示数据多少的图形，用于显示各个项目之间的比较情况. 条形图可以横置或纵置，纵置时也称为柱形图. 图4-25是某商场两个品牌的服装销售量的条形图.

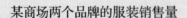

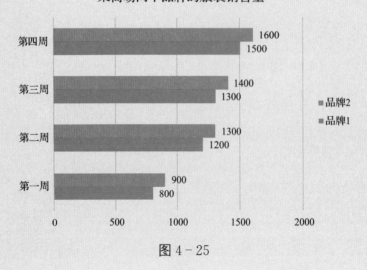

图4-25

圆环图　圆环图类似于饼图，能够显示各个部分与整体之间的关系，但圆环图可以包含多个数据系列，即数据表中的多个行或列，而饼图只能表示一个数据系列。圆环图在圆环中显示数据，其中每个圆环代表一个数据系列，图 4-26 的内环表示各分公司物流成本，外环表示各分公司物流收入。

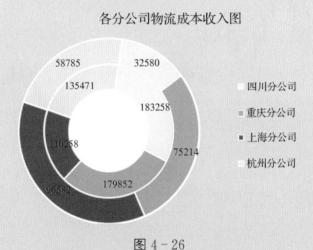

图 4-26

雷达图　雷达图又被称为戴布拉图、蛛网图。雷达图可以进行多种项目的对比，反映数据相对中心点和其他数据点的变化情况，常用于多项指标的全面分析，使阅读者能够一目了然地看到各项指标变动情况和好坏趋向。图 4-27 是某学生的多元智能测试数据，从雷达图可以很明显地看出该学生在音乐、语言方面的智能突出，在数学逻辑、空间和肢体运动方面的智能较薄弱。

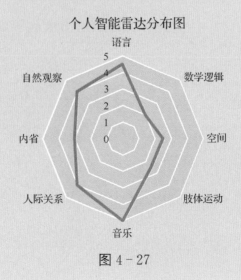

图 4-27

股价图　在证券交易行业称股价图为 K 线图、蜡烛图，主要用来记录、显示大盘指数或个股股价的波动情况，并根据其变化趋势预测大盘指数或个股股价的未来走势. 图 4-28 表示的是某股票在 2024 年上半年的日 K 线图.

图 4-28

本章小结

在本章中，我们认识了数据表格和数组，学会运用数组运算规律进行数组的运算（如数组的加法、减法、数乘、内积等），学习了通过绘制饼图、直方图、折线图来展示数据，运用 Excel 绘制散点图并进行数据拟合，以及绘制 Excel 表格并处理数据.

通过本章学习，我们发现在运用 Excel 工具处理数据的过程中，经常会用到数学中的运算原理. 通过掌握 Excel 的使用技巧，我们可以更好地利用数学原理和方法解决实际问题，提高工作效率和准确性.

请根据本章所学知识，将知识框图补充完整.

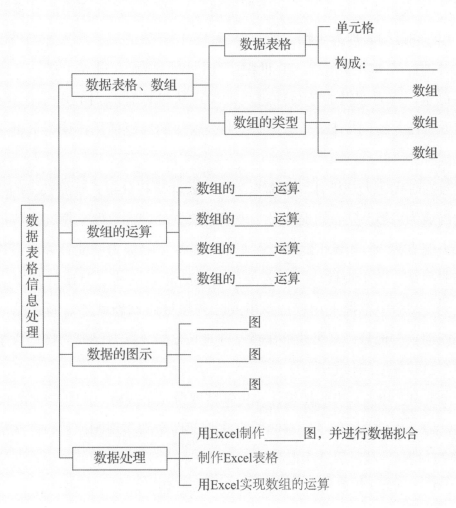

大规模处理数据的能力——算力

图像识别、智能家居、智慧交通、算法推送等智能化社会常见应用的背后，是看不见的算力在支撑. 算力广泛应用于人们的日常生活，已经成为经济社会高质量发展的新引擎.

算力，即数据处理能力，在 2021 年中国信息通信研究院发布的《中国算力发展指数白皮书》中，狭义的算力被定义为"设备通过处理数据，实现特定结果输出的计算能力". 算力随着人类生产生活的实践不断演进，经历了从结绳记事到计算机等智能计算设备的应用. 它最初表现为生物智能，如指算、口算、心算，后来开始借助算筹、算盘等计算工具进行基本数学运算. 20 世纪中叶，埃尼阿克（世界上第一台现代电子数字计算机）诞生，算力取得的革命性进步，实现从机械计算器到电子计算机的飞跃，计算机的全面普及，特别是 Excel 等自动化办公软件的广泛使用，使得数据表格信息处理能力大幅提升.

进入大数据时代，大规模计算的需求激增，云计算和分布式计算技术的蓬勃发展使处理海量数据成为可能. 算力的提升是实现高效数据处理的重要支撑，为数据挖掘和分析提供了强大的支持. 假如城市道路发生车祸，若能依靠算力智能计算出最佳路线，就能挽救更多的生命；发生现代战争，若能通过超高算力快速计算出导弹发射路径和拦截路径，就能在战争中掌握主动权；军事或医药领域研制新武器、新药品，拥有高算力的一方就能够抢占优势，甚至能够保持垄断地位. 如今算力已成为推动人工智能、机器学习等前沿科技发展的核心动力.

中国在自主研发超高算力的超级计算机领域取得显著成就. 其中"神威·太湖之光"超级计算机就是一个突出的例子，它的所有核心部件全部实现国产化，四次蝉联世界最快超算，两度获得高性能计算应用最高奖"戈登·贝尔奖". 它刷新了世界对于"中国速度"的想象，1 分钟的计算量相当于全球 80 亿人同时用计算器不间断计算 28 年，它可完成大型问题的求解任务，如地球系统数值模拟、"天宫一号"返回路径的数值模拟、药物筛选和疾病机理研究等. 中国在高性能计算领域能力的提升，对科学研究和产业发展产生了深远的影响.

第5章

算法初步

我们做任何一件事，都是在一定的条件下按某种顺序执行一系列操作. 例如，用电饭锅煮饭，我们第一步拿出大米，第二步淘洗大米，第三步加适量的水，第四步通电煮饭. 解决数学问题也常常如此. 例如，实数的四则运算，加减消元法解二元一次方程组，都可以按照某一程序进行. 在实际生活中，类似于这样的程序还有很多.

将上述程序转换成计算机能识别的语言后，就能借助计算机极大地提高解决问题的速度. 探索解决问题的共性程序的思想是十分重要的，对一类问题的机械的、统一的求解方法就是算法. 算法是数学及其应用的重要组成部分，是计算科学的重要基础. 随着现代信息技术飞速发展，算法在科学技术、社会发展中发挥着越来越重要的作用，并日益融入社会生活的许多方面，算法思想已经成为现代人应具备的一种数学素养.

在本章中，我们将了解算法的含义，学习设计程序框图表达解决问题的过程，体会算法的基本思想.

学习目标

1. 通过对解决具体问题过程与步骤的分析（如一元二次方程组求解等问题），体会算法的思想，并能叙述算法的含义.

2. 在具体问题的解决过程中，能说出程序框图的三种基本逻辑结构（顺序、选择、循环）及绘制算法框图的常用符号和含义.

3. 能写出简单问题的算法及流程，并绘制算法框图.

4. 了解伪代码的基本算法语句，能根据流程图用伪代码写出简单问题的算法.

5.1　算法的含义

在你面前的桌面上摆放着 A，B 两个大小相同的杯子．A 杯子中装有水，B 杯子中装有饮料，采取怎样的办法才能交换 A，B 两个杯子中的液体？

解决这个问题，我们可以按以下步骤进行．

第一步：先找一个容量不小于 A，B 的空杯子 C；

第二步：将 A 杯子中的水倒入到 C 杯子中；

第三步：将 B 杯子中的饮料倒入到 A 杯子中；

第四步：将 C 杯子中的水倒入到 B 杯子中，完成交换．

以上过程实际上是按一种机械的程序进行的一系列操作．

一般而言，对一类问题的机械的、统一的求解方法称为**算法**．同一项任务可以用不同的算法完成，花费的时间可能不同．一个算法的好坏可以综合复杂程度和执行这个算法耗费的时间等因素来衡量．如果一个算法有缺陷或不适合某个问题，执行这个算法就不能解决这个问题．

阿尔·花拉子米（约 780—850）阿拉伯数学家、天文学家，《算法》与《代数学》是他的代表作．现代数学中"算法"一词即来源于他的著作．

例题解析

例1　写出求数据 12，9，10，7，9，7 的平均数的一个算法．

解　先将数据中的数逐一相加，再把所得的和除以数据个数．

第一步：计算 12＋9，得到 21；

第二步：将第一步中的运算结果 21 与 10 相加，得到 31；

第三步：将第二步中的运算结果 31 与 7 相加，得到 38；

第四步：将第三步中的运算结果 38 与 9 相加，得到 47；

第五步：将第四步中的运算结果 47 与 7 相加，得到 54；

第六步：将第五步中的运算结果 54 除以 6，得到 9．

例 2 写出求解方程组

$$\begin{cases} 3x-2y=-1, & ① \\ x+3y=7 & ② \end{cases}$$

的一个算法.

解 我们用消元法求解这个方程组.

第一步：方程①不变，用方程②中 x 的系数除以方程①中 x 的系数，得到乘数 $m=\dfrac{1}{3}$.

第二步：方程②减去 m 倍的方程①，从而消去方程②中的 x 项，得到

$$\begin{cases} 3x-2y=-1, \\ \dfrac{11}{3}y=\dfrac{22}{3}. \end{cases}$$

第三步：将上面的方程组自下而上回代求解，得到 $x=1$，$y=2$.

所以，原方程组的解为 $\begin{cases} x=1, \\ y=2. \end{cases}$

例 2 所示的消元回代的算法适用于一般线性方程组的求解.

所谓找到了某种算法，是指使用一系列运算规则能在有限步骤内求解某类问题，其中的每条规则必须是明确定义、可以执行的.

算法从初始步骤开始，每一个步骤只能有一个确定的后继步骤，从而组成一个步骤序列，序列的终止表示问题得到解答或指出问题没有答案.

我们所学过的许多数学公式都是算法，加、减、乘、除运算法则以及多项式的运算法则也是算法.

> **知识巩固**

1. 写出求解方程 $3x-2=4$ 的一个算法.

2. 写出求解 $1+2+3+\cdots+50$ 的一个算法.

3. 写出求解 $3 \times 4 - 6 \div 2$ 的一个算法.

4. 写出求解不等式组 $\begin{cases} 2x - 3 < 0, \\ x + 4 > 0 \end{cases}$ 的一个算法.

5. 写出求解不等式 $|x - 2| < 3$ 的一个算法.

5.2　流程图

在快递派送过程中，因为目的地偏远而派送不到的情形被快递公司称为快递超区．一般情况下，快递公司对此采取以下措施（图5-1）．

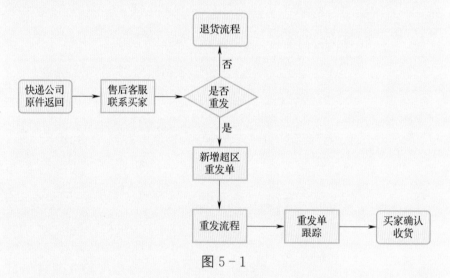

图5-1

可以看到，用框图和线来表示各种操作流程的优点是形象直观、便于理解．

5.2.1　流程图

实例考察中，快递公司把每一步工作流程都按照方框里面的指令操作，各步骤之间用流程线顺序连接成一个整体．这种用规定的图框、流程线及文字来准确、直观地表示算法的图形，叫做算法的**流程图**．它是算法的一种图形表示形式，其中图框表示各种操作的类型，图框中的文字和符号表示操作的内容，流程线表示操作的先后次序．构成流程图的图形符号及其功能见表5-1．

表 5-1　　　　流程图的图形符号及其功能

程序框	名称	功能
▢	终端框（起止框）	表示算法的开始或结束. 通常用圆角矩形表示
▱	输入、输出框	表示一个算法输入和输出的信息，可以设在算法中任何需要输入、输出的位置. 通常用平行四边形表示
▭	处理框（执行框）	表示赋值或计算，算法中处理数据需要的算式、公式等分别写在不同的用以处理数据的处理框内. 通常用矩形表示
◇	判断框	判断某一条件是否成立，成立时在出口处标明"是"或"Y"；不成立时标明"否"或"N". 通常用菱形表示
—→	流程线	表示执行步骤的路径. 通常用箭头线表示

例题解析

例1　图 5-2 所示是一个算法的流程图，已知 $m=3$，$n=2$，则输出的 c 值是 _____ .

解　如图 5-2 所示，开始框 开始 表示算法开始；输入框 输入m,n 表示输入 m，n 的值；处理框 将m的2倍记作c 表示将 m 的 2 倍赋值给 c；处理框 将c与n的和记作c 表示将 c 与 n 的和赋值给 c；输出框 输出c 表示输出结果 c；结束框 结束 表示算法结束.

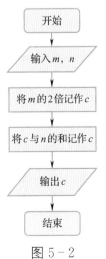

图 5-2

用数学运算表示为 $2m+n=c$，所以 $c=8$.

例2 在学校长跑测试中，每跑一圈，都会想是否跑完了全程. 如果没有跑完全程，那么又会想离终点还有多远. 写出相应的算法表示这个过程并画出流程图.

解 第一步：起跑；

第二步：若未跑到 10 000 米，那么转第三步，否则转第四步；

第三步：跑一圈（400 米），转第二步；

第四步：结束.

流程图如图 5-3 所示.

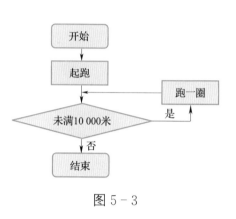

图 5-3

> **知识巩固 1**

1. 下列程序框图符号中，表示处理框的是 （ ）.

A.   B.   C.   D.

2. 如图 5-4 所示为一个算法框图，如输入的 n 是 2，则输出的值为_____.

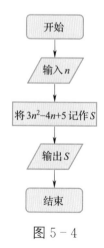

图 5-4

5.2.2 流程图的基本机构

　　某企业根据岗位需求招募高技能人才，用人部门、人事部门、管理层紧密配合，按照规定一般遵循以下流程图（图5-5）.

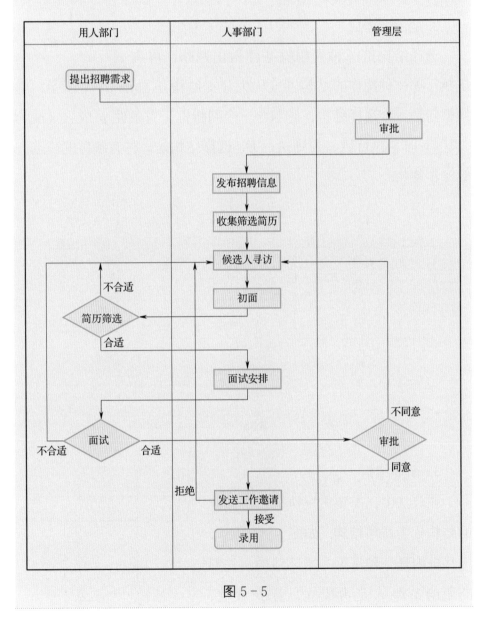

图 5 - 5

　　从流程图 5 - 5 中可以看出，该算法步骤中，有些是按顺序执行，有些需选择执行．事实上，算法的流程图有三种基本的逻辑结构：**顺序结构、选择结构和循环结构**．这三种结构通过组合和嵌套来表达算法的流程图. 流程图可以帮助我们更方便直观地表现这三种基本的算法结构.

1. 顺序结构

顺序结构是一种按顺序依次进行多个处理的结构. 如图 5-6 所示, 虚线框内是一个顺序结构, 其中 A 和 B 两个框是依次执行的. 顺序结构是一种最简单、最基本的结构.

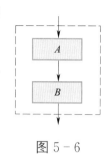

图 5-6

2. 选择结构

选择结构是一种先根据条件做出判断, 再决定执行哪一种操作的结构 (或称为分支结构). 如图 5-7 所示, 虚线框内是一个选择结构, 它包含一个判断框, 当条件 p 成立 (或为 "真") 时, 执行 A, 否则执行 B. 选择结构是一种有条件的二选一的操作结构.

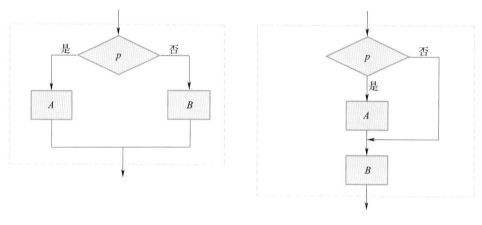

图 5-7

3. 循环结构

在算法中, 需要重复执行同一操作的结构称为**循环结构**. 如图 5-8 所示, 虚线框内是一种常见的循环结构: 先判断所给条件 p 是否成立, 若 p 成立, 则执行 A; 再判断条件 p 是否成立, 若 p 仍成立, 则又执行 A, 如此反复, 直到某一次条件 p 不成立时为止. 这样

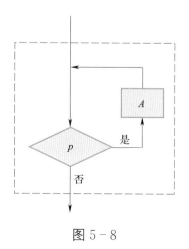

图 5-8

的循环结构称为**当型循环**.

下面这种循环结构称为**直到型循环**（图 5 - 9）：先执行 A，再判断条件 p 是否成立，若 p 不成立，则再执行 A，如此反复，直到 p 成立，该循环过程结束.

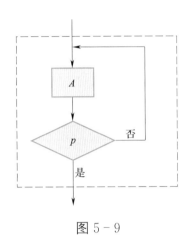

图 5 - 9

例题解析

例 1　绘制求解一元一次方程 $ax+b=0$ $(a\neq0)$ 的算法流程图.

解　解一元一次方程 $ax+b=0$ $(a\neq0)$ 的算法如下.

S1：输入 a，b $(a\neq0)$；

S2：计算并赋值 $x\leftarrow-\dfrac{b}{a}$；

S3：输出 x 的值.

提示　这里的 S1 代表步骤 1，S2 代表步骤 2，依此类推. S 是 step（步骤）的第一个字母.

此题算法只有顺序结构，算法的流程图如图 5 - 10 所示.

例 2　设计求解一元二次方程 $ax^2+bx+c=0$ $(a\neq0)$ 的一个算法，并画出算法流程图.

解　先计算判别式 $\Delta=b^2-4ac$，然后比较判别式与 0 的大小，再决定下一步流程. 在算法中使用选择结构. 具体算法如下.

S1：输入 a，b，c；

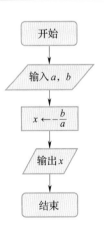

图 5 - 10

S2：计算并赋值 $\Delta \leftarrow b^2 - 4ac$；

S3：如果 $\Delta < 0$，那么输出"方程无实数根"，否则，$x_1 \leftarrow \dfrac{-b + \sqrt{\Delta}}{2a}$，$x_2 \leftarrow \dfrac{-b - \sqrt{\Delta}}{2a}$；

S4：输出 x_1，x_2.

具体流程图如图 5-11 所示.

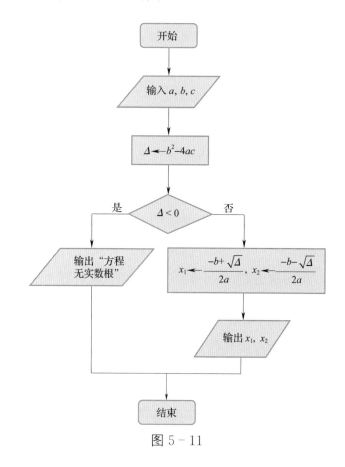

图 5-11

例3 设计一个计算 $1+2+3+4+\cdots+100$ 的算法，并画出流程图.

解 用变量 S 存放相加的结果，变量 i 作为计数变量. 每循环一次，变量 i 的值增加 1. 具体算法如下.

S1：将数值 0 分别赋给变量 S 和 i；

S2：若 $i \leqslant 100$，那么转 S3，否则转 S5；

S3：$S \leftarrow S + i$（将变量 S 和 i 的和赋给 S）；

S4：$i \leftarrow i + 1$（将变量 i 和 1 的和赋给 i）并转 S2；

S5：输出 S.

具体流程图如图 5-12 所示.

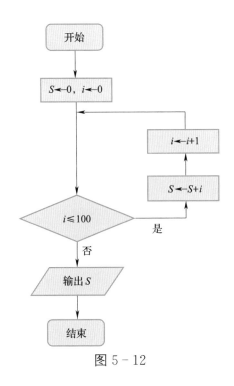

图 5-12

由上面的例子可以看出，利用顺序结构、选择结构和循环结构这三种基本结构描述的算法，结构清晰，易于理解和方便修改.

知识巩固 2

1. 执行图 5-13 的算法流程图，若输入 x 的值为 -2，则输出 y 的值是_____.

2. 执行图 5-14 的算法流程图，输出的 S 值为_____.

3. 半径为 r 的圆面积为 $S = \pi r^2$，写出当 $r = 4$ 时的面积算法并画出流程图.

4. 设计一个计算 $1 \times 2 \times 3 \times 4 \times 5 \times 6 \times 7 \times 8 \times 9$ 的算法，并画出流程图.

5. 某技师学院依据学生考试成绩划分等级，大于等于 90 分输出"优秀"，大于等于 80 分小于 90 分输出"良好"，大于等于 60 分小于 80 分输出"合格"，否则输出"不合格"．用流程图表示这一算法.

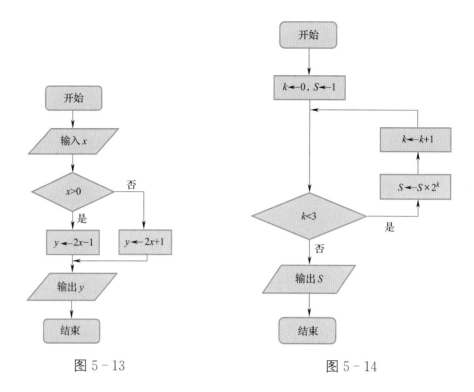

图 5-13   图 5-14

6. 任意给定三个正数，设计一个算法，判断分别以这三个数为三边边长的三角形是否存在，用流程图表示这一算法.

5.3 基本算法语句

算法是一种数学语言，计算机完成任何一项任务都需要算法，但是计算机无法识别数学语言，因此还需要我们把算法表示成计算机能够"理解"的程序语言. 伪代码（pseudocode）就是介于自然语言与计算机语言之间的文字和符号.

程序语言多种多样，为了表示算法的三种基本逻辑结构，各种程序语言中都包含下列基本的算法语句.

> 赋值语句   输入语句   输出语句   条件语句   循环语句

5.3.1 赋值语句、输入和输出语句

在伪代码中，赋值语句用符号"←"表示，例如"$x \leftarrow y$"表示将 y 的值赋给 x，其中 x 是一个变量，y 是一个与 x 同类型的变量或表达式.

▶ **例题解析**

例1 用伪代码写出当 $x = 2\ 024$ 时，求多项式 $2x^2 + 3x - 1$ 的值的算法.

解 算法 1：

$$x \leftarrow 2\ 024,$$
$$m \leftarrow 2x^2 + 3x - 1.$$

算法 2：

$$x \leftarrow 2\ 024,$$
$$m \leftarrow (2x + 3)x - 1.$$

提示 我们知道，算法的好坏会影响运算速度. 算法 1 要做 3 次乘法，而算法 2 称为秦九韶算法，只需要 2 次乘法，其特点是对于一个 n 次多项式，至多做 n 次乘法和 n 次加法.

例2 编写程序，计算一名学生数学、语文、英语三门课的平均成绩.

解 先写出算法步骤.

S1：输入该学生的数学、语文、英语三门课的成绩 a，b，c；

S2：计算并赋值 $x \leftarrow \dfrac{a+b+c}{3}$；

S3：输出 x.

我们用输入语句"Read a，b"表示输入的数据依次赋给 a，b，用输出语句"Print x"表示输出的结果 x. 这样我们就可以编写一个简单的程序输入计算机，计算机就能"理解"我们的语言，并帮助我们计算想要的计算结果.

求该名学生三门课平均成绩的算法流程图（图5-15）和伪代码.

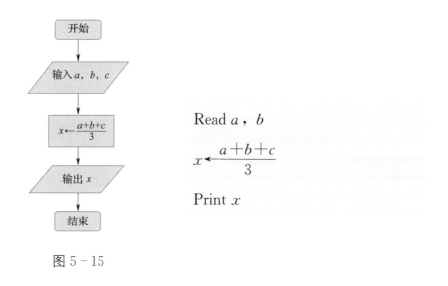

图 5-15

当我们输入 a，b，c 的值分别是 98，96，97 时，输出的 x 的值为 97.

知识巩固 1

1. 阅读程序，输出的结果为_____.

$A \leftarrow 11$

$B \leftarrow 22$

$A \leftarrow A + B$

Print A

End

2. 小明同学的父母开了一家水果店，已知：苹果每千克 5 元，香蕉每千克 3 元，桃子每千克 4.5 元. 若顾客依次购买这三种水果 x，y，z 千克，为了帮助父母算账，小明想编写一个程序来计算应收取多少钱，他该如何编写？

5.3.2 条件语句和循环语句

计算机不仅可以进行一些简单的赋值运算，还可以对给出的条件进行分析、比较、判断，并按照判断后的不同情况进行不同的处理. 例如，判断一个数的正负、比较两个数的大小、对一组数据进行排序等.

例题解析

例 某景区门票的价格与进园人数相关，若人数少于 8 人，则按每张门票 30 元收取；若人数超过 8 人（含 8 人），则按团体标价计费，即每张门票 25 元. 如何设计计算门票总价格的算法？

解 设进园人数为 n，门票总价为 y，则有

$$y = \begin{cases} 30n, & 0 < n < 8, \\ 25n, & n \geqslant 8. \end{cases}$$

解决这一问题的算法步骤如下.

S1：输入 n；

S2：如果 $0 < n < 8$，那么 $y \leftarrow 30n$，否则 $y \leftarrow 25n$；

S3：输出 y；

S4：结束.

流程图如图 5 – 16 所示，可以看出这是一个选择结构. 在执行此算法时，要根据一定的条件选择流程线的方向.

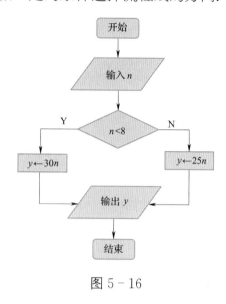

图 5 – 16

我们可运用条件语句来实现上述过程. 条件语句的一般形式是：

```
If   A    Then
      B
Else
      C
End   If
```

其中 A 表示判断的条件，B 表示满足条件时执行的操作内容，C 表示不满足条件时执行的操作内容，End If 表示条件语句结束.

例 1 的算法过程用条件语句可以表示如下：

```
Read   n
If   n<8   Then
      y←30n
Else
      y←25n
End   If
Print   y
```

　　而循环语句是由计算机反复执行的一组语句，计算机在执行循环前先判断是否满足条件，满足则执行循环，不满足则跳出循环.

例题解析

　　例　设计计算 $1 \times 3 \times 5 \times \cdots \times 99$ 的一个算法.

　　解　我们用变量 T 存放乘积结果，变量 I 作为计数变量. 每循环一次，将乘积的结果存放在变量 T 中，同时 I 的值增加 2.

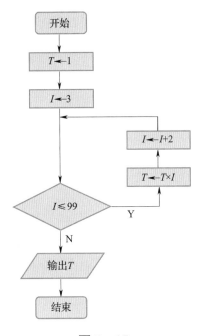

图 5 - 17

　　S1：$T \leftarrow 1$；

　　S2：$I \leftarrow 3$；

　　S3：如果 $I \leqslant 99$，那么转 S4，否则转 S6；

　　S4：$T \leftarrow T \times I$；

　　S5：$I \leftarrow I + 2$ 并转 S3；

　　S6：输出 T.

流程图如图 5 - 17 所示.

　　从流程图可以看出这是一个循环结构，我们可以运用循环语句来实现上述过程.

　　当型循环可用下面的语句来描述：

While　p

　　　循环体

End　While

　　它表示当所给条件 p 成立时，执行循环体部分，然后再判断条件 p 是否成立. 如果 p 仍成立，那么再次执行循环体，如此反复，直到某一次条件 p 不成立时退出循环.

提示　当型语句的特点是先判断，后执行.

上述算法用当型循环语句 "While…End While" 表示如下:

$T \leftarrow 1$

$I \leftarrow 3$

While $I \leqslant 99$

$\quad T \leftarrow T \times I$

$\quad I \leftarrow I + 2$

End While

Print T

上述的算法也可以改为直到型循环.

S1: $T \leftarrow 1$;

S2: $I \leftarrow 3$;

S3: $T \leftarrow T \times I$;

S4: $I \leftarrow I + 2$;

S5: 如果 $I > 99$,那么转 S6,否则转 S3;

S6: 输出 T.

直到型循环可用下面的语句来描述:

Do

$\quad$ 循环体

Until p

End Do

它表示先执行循环体部分,然后再判断条件 p 是否成立. 如果 p 不成立,那么再次执行循环体,如此反复,直到某一次条件 p 成立时退出循环.

提示 直到型语句的特点是先执行,后判断.

上述算法用直到型循环语句 "Do…End Do" 表示如下:

$T \leftarrow 1$

$I \leftarrow 3$

Do

$\qquad T \leftarrow T \times I$

$\qquad I \leftarrow I + 2$

Until $\quad I > 99$

End　Do

Print $\quad T$

如果循环语句中的循环次数已知,那么还可采用"For"语句来描述."For"语句的一般形式是:

For $\quad I \quad$ From "初值" To "终值" Step "步长"

$\qquad$ 循环体

End　For

上述算法用"For"语句可表示如下:

$T \leftarrow 1$

For $\quad I \quad$ From $\quad 3 \quad$ To $\quad 99 \quad$ Step $\quad 2$

$\qquad T \leftarrow T \times I$

End　For

Print $\quad T$

在上面的 For 语句中,如果省略语句"Step 2",那么重复循环时,I 的值每次增加1.

知识巩固2

1. 写出一个计算 $1^2 + 2^2 + 3^2 + \cdots + 99^2$ 的程序.

2. 已知函数 $y = \begin{cases} 2x, & x > 0, \\ -2x, & x < 0, \end{cases}$ 试用伪代码写出根据输入 x 的值计算 y 的值的一个算法.

3. 阅读下列程序，输出结果 S 的值为＿＿＿.

$S \leftarrow 1$

$I \leftarrow 1$

While　$I < 8$

　　$S \leftarrow S + 2$

　　$I \leftarrow I + 3$

End　While

Print　S

End

4. 用循环语句给出计算 $\dfrac{1}{2} + \dfrac{1}{4} + \dfrac{1}{6} + \cdots + \dfrac{1}{100}$ 的程序.

5.3.3　算法应用

例题解析

　　例 1　设计解决"孙子问题"的算法. 我国《算经十书》之一的《孙子算经》中有这样的原文："今有物不知其数，三三数之剩二，五五数之剩三，七七数之剩二. 问物几何？答曰：二十三."

　　"物不知数"问题提出之后，便引起了人们的很大兴趣. 南宋数学家秦昭九对此加以推广，并给出新的解法——"大衍求一术". 这种解法和高斯的解法本质上是一致的，但比高斯早了 500 余年.

　　这种问题的通用解法被称为"孙子剩余定理"或"中国剩余定理"，这个定理在近代数学和计算机程序设计中有着广泛的应用.

　　解　算法设计思想：

　　"孙子问题"相当于求关于 x，y，z 的不定方程组 $\begin{cases} m = 3x + 2, \\ m = 5y + 3, \\ m = 7z + 2 \end{cases}$

的正整数解.

设所求的数为 m，根据题意，m 应同时满足下列 3 个条件：

(1) m 被 3 除后余 2，即 $\text{Mod}(m, 3) = 2$；

(2) m 被 5 除后余 3，即 $\text{Mod}(m, 5) = 3$；

(3) m 被 7 除后余 2，即 $\text{Mod}(m, 7) = 2$.

提示 $\text{Mod}(a, b)$ 表示 a 除以 b 所得的余数，称 b 为模.

从 $m = 2$ 开始检验条件，若 3 个条件中有任何一个不满足，则 m 递增 1，当 m 同时满足 3 个条件时，输出 m.

流程图（图 5 - 18）与伪代码如下.

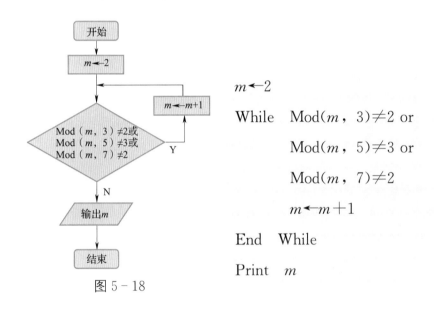

```
m←2
While   Mod(m, 3)≠2 or
        Mod(m, 5)≠3 or
        Mod(m, 7)≠2
        m←m+1
End  While
Print  m
```

图 5 - 18

例 2 写出用区间二分法求方程 $x^3 - x - 1 = 0$ 在区间 $[1, 1.5]$ 上的一个近似解（误差不超过 0.001）的一个算法.

解 算法设计思想：如图 5 - 19 所示，如果估计方程 $f(x) = 0$ 在某区间 $[a, b]$ 上有一个根 x^*，就能用二分法搜索求得符合误差限制 c 的近似解.

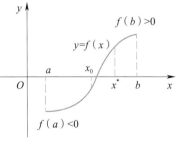

图 5 - 19

算法步骤表示如下.

S1：取 $[a, b]$ 的中点 $x_0 = \dfrac{a+b}{2}$，将区间一分为二.

S2：若 $f(x_0)=0$，则 x_0 就是方程的根，否则判断根 x^* 在 x_0 的左侧还是右侧.

若 $f(a)f(x_0)<0$，则 $x^* \in (a, x_0)$，以 x_0 代替 b；

若 $f(a)f(x_0)>0$，则 $x^* \in (x_0, b)$，以 x_0 代替 a.

S3：若 $|a-b|<c$，计算终止，此时 $x^* \approx x_0$，否则转 S1.

流程图（图 5-20）与伪代码如下.

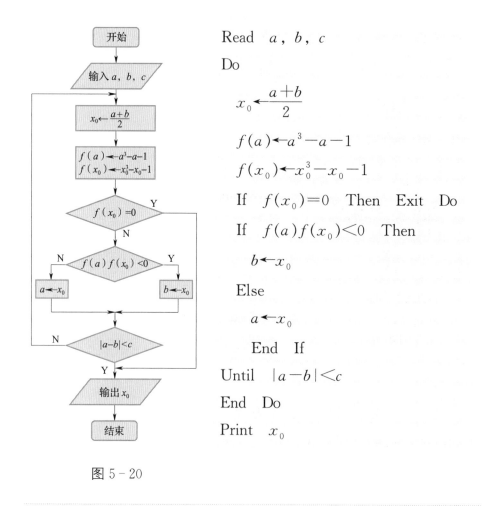

```
Read  a , b , c
Do
        x₀ ←  (a+b)/2

        f(a) ← a³-a-1
        f(x₀) ← x₀³-x₀-1
    If  f(x₀)=0  Then  Exit  Do
    If  f(a)f(x₀)<0  Then
        b ← x₀
    Else
        a ← x₀
        End  If
Until  |a-b|<c
End  Do
Print  x₀
```

图 5-20

知识巩固 3

设计一个计算两个正整数 a，b 的最小公倍数的算法.

数学与生活

二进制·计算机

二进制记数法的思想源远流长，我国古代很早就有研究，在《易经》上就讲到两仪，即一黑一白阴阳互补的两条鱼。以后，在两仪之上形成了八卦。《易经》中关于两仪及其演变的叙述可以看成是二进制应用的萌芽。

德国数学家莱布尼茨 1679 年撰写的《二进制算术》，使他成为二进位数制的发明人。二进制在现代被应用于计算机设计，但莱布尼茨后来还发现他的二进制可以给中国古老的六十四卦易图一个很好的数学解释。

1946 年，世界上第一台电子计算机埃尼阿克诞生，这是科学技术发展史上一座新的里程碑。但是它还不够完善，计算机之父冯·诺依曼积极参与和研究之后，很快提出了改进意见。其中主要的两条对后来计算机科学的发展产生了深远的影响：一是用二进制替代原来的十进制，这样大大减少了元器件数量，提高了运行速度；二是存储程序，就是把程序像数据一样放在计算机内部的存储器中，这也就是后人所说的冯·诺依曼计算机体系结构。电子计算机的发明和发展是 20 世纪最伟大的科学技术成就之一。

计算机为什么要采用二进制呢？

第一，二进制只有 0 和 1 两个数字，要得到表示两种不同稳定状态的电子器件很容易，而且制造简单、可靠性高。例如，电位的高与低，电容的充电与放电，晶体管的导通与截止等。

第二，在各种记数法中，二进制运算规则简单，有布尔逻辑代数作理论依据，简单的运算规则使得机器内部的操作也变得简单。

二进制加法只有 4 条：

$$0+0=0, \ 0+1=1,$$
$$1+0=1, \ 1+1=10.$$

而十进制加法法则从 $0+0=0$ 到 $9+9=18$，有 100 条。

二进制的乘法法则也很简单：

$$0\times0=0, \ 0\times1=0,$$
$$1\times0=0, \ 1\times1=1.$$

而十进制的乘法法则要由一张"九九表"来规定，比较复杂。

本章小结

　　本章内容是数学及其应用的重要组成部分，是计算科学的重要基础. 随着现代信息技术飞速发展，算法在科学技术、社会发展中发挥着越来越重要的作用，在中国古代数学中也蕴涵了丰富的算法思想. 我们在理解算法的概念的基础上，使用自然语言、算法流程图设计和描述算法，并将自然语言转化为程序语言. 结合对具体数学实例的分析，体验运用算法和程序框图解决问题的过程，体会算法的基本思想，发展条理思考与表达的能力，提高逻辑思维能力.

　　请结合本章所学知识，将知识框图补充完整.

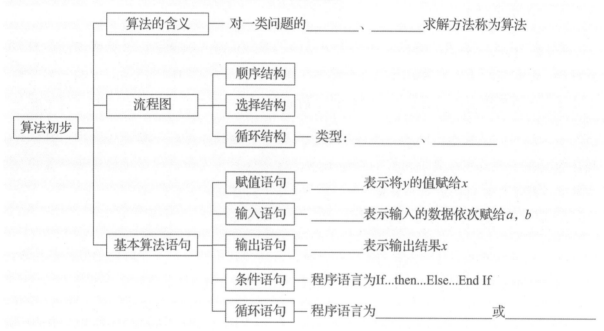

算法初步：《数书九章》与秦九韶算法

《数书九章》是中国古代数学的经典著作之一，由宋代著名数学家秦九韶所著，涵盖算术、代数、几何等多个数学领域．全书采用问题集的形式，每题答案之后都有解题方法和演算步骤，有的题目还画有图．题文也不只谈数学，还涉及自然现象和社会生活，成为了解当时社会政治和经济生活的重要参考文献．

秦九韶在《数书九章》提出了一种多项式简化算法，被称为秦九韶算法．对于求多项式的值，常规的方法是依序计算各单项式的值，再把它们加起来．而秦九韶算法通过类似提取公因式的步骤，将 n 次多项式求值转化为 n 个一次多项式的求值．对多项式

$$f(x)=a_nx^n+a_{n-1}x^{n-1}+\cdots+a_1x+a_0,$$

可以进行如下改写

$$f(x)=(a_nx^{n-1}+a_{n-1}x^{n-2}+\cdots+a_1)x+a_0$$
$$=((a_nx^{n-2}+a_{n-1}x^{n-3}+\cdots+a_2)x+a_1)x+a_0$$
$$=\cdots$$
$$=(\cdots((a_nx+a_{n-1})x+a_{n-2})x+\cdots+a_1)x+a_0.$$

求多项式的值时，首先计算最内层括号内一次多项式的值，即

$$v_1=a_nx+a_{n-1},$$

然后由内向外逐层计算一次多项式的值，即

$$v_2=v_1x+a_{n-2},$$
$$v_3=v_2x+a_{n-3},$$
$$\cdots$$
$$v_n=v_{n-1}x+a_0.$$

下面我们以一个实例，来研究秦九韶算法．

已知多项式 $f(x)=x^5-6x^4+8x^3+8x^2+4x-40$，求当 $x=3$ 时多项式的值．

根据秦九韶算法，把多项式改写成如下形式

$$f(x)=((((x-6)x+8)x+8)x+4)x-40.$$

按照从内到外的顺序，依次计算一次多项式当 $x=3$ 时的值：

$$v_0 = 3,$$
$$v_1 = 3 - 6 = -3,$$
$$v_2 = -3 \times 3 + 8 = -1,$$
$$v_3 = -1 \times 3 + 8 = 5,$$
$$v_4 = 5 \times 3 + 4 = 19,$$
$$v_5 = 19 \times 3 - 40 = 17.$$

所以，当 $x = 3$ 时，多项式的值等于 17. 可以看出，使用秦九韶算法计算时，我们共进行了 4 次乘法运算和 5 次加减运算.

若直接将 5 带入多项式，依次计算 x^5，$-6x^4$，$8x^3$，$4x$ 再相加，我们共将进行 $5 + 5 + 4 + 3 + 2 = 19$ 次乘法和 5 次加减运算，乘法运算次数多于秦九韶算法. 若用计算机求解这个问题，进行乘法运算要比加减运算的慢得多，减少乘法运算的次数，可以显著提高计算的效率.

秦九韶算法以其高效、稳定和易于实现的优点，在数值计算、计算机科学、工程应用等领域得到了广泛的应用.